W0176528

Visualisieren

Claudia Bingel

Inhalt

Was gehört zu einer guten Visualisierung?　5

- Visualisieren – mehr als bunte Bildchen　6
- Visualisierungsstile berücksichtigen　12
- Auf Ziele und Zielgruppe ausrichten　18
- Die Grundprinzipien des Visualisierens beachten　19
- Visualisierungsmöglichkeiten im Überblick　31
- Die richtigen Tools und Medien einsetzen　40

Wie visualisieren Sie mit PowerPoint?　45

- Das Tool richtig nutzen　46
- Textfolien optimal gestalten　48
- Bilder und Grafiken effektiv einsetzen　53
- Folien richtig präsentieren　59
- Grafiken in Online-Anwendungen weiter nutzen　63
- Das interaktive Whiteboard –
  Alternative zu PowerPoint?　66

Wie visualisieren Sie am Flipchart?   71

- Das Medium richtig einsetzen   72
- Mit Handschrift Wirkung erzielen   74
- Texte und Bilder anordnen und hervorheben   78
- Material richtig nutzen   84
- In der Präsentation live visualisieren   91
- In Besprechung und Workshop visualisieren   95

Wie finden Sie Ideen und passende Bilder?   99

- Ideenspeicher und -quellen nutzen   100
- Ideen generieren: Kreativitätstechniken   102
- Von der Idee zum Bild   106

Grafik- und Flipchartgalerie   113

Stichwortverzeichnis   125

Vorwort

Es gibt verschiedene Gründe, warum Sie dieses Buch in der Hand halten könnten: Vielleicht, weil Sie sich bisher wenig mit Visualisierung beschäftigt haben und wissen möchten, wie Sie Ihre Präsentation optimieren können. Vielleicht auch, weil es Ihnen Spaß macht, Ihren Vortrag mit Visualisierungen zu unterstützen, und Sie auf der Suche nach weiterführenden Anregungen sind. In diesem TaschenGuide finden Sie Informationen dazu, welche Grundprinzipien der Visualisierung es gibt und was das Thema mit Ihnen und Ihrer Persönlichkeit zu tun hat. Darüber hinaus erhalten Sie gezielte Hilfestellung zur Visualisierung in PowerPoint und auf dem Flipchart. Im letzen Teil finden Sie Anregungen, wie Sie zu Ihrer Visualisierungsidee kommen und welche Möglichkeiten es gibt, diese einfach umzusetzen.

Meine Bezugspunkte zu Visualisierungen sind vielfältig: Als Trainerin möchte ich meine Trainingsinhalte in PowerPoint und auf dem Flipchart situationsgerecht visualisieren. Zum anderen erlebe ich in meinen Seminaren zu Präsentationstechniken, dass Teilnehmern manchmal das Know-how für gute Visualisierungen fehlt und diese dankbar sind für Anregungen. Als Zuhörerin bei Vorträgen habe ich manches Mal erlebt, wie sich Referenten durch schlecht gemachte Folien und Flipcharts der eigenen Wirkung berauben. Aus diesen Erfahrungen entstand die Idee zu diesem TaschenGuide.

Claudia Bingel

Was gehört zu einer guten Visualisierung?

Visualisieren ist weit mehr, als einfach nur farbige Schrift, Objekte oder bunte Fotos im Vortrag oder in der Präsentation zu verwenden.

In diesem Kapitel lesen Sie,

- wie Sie und Ihr Publikum von guten Visualisierungen profitieren (ab S. 6),
- wie Sie Ihren eigenen Visualisierungsstil finden und den Ihrer Zuhörer berücksichtigen (ab S. 12),
- welche Gestaltungsregeln hilfreich sind (ab S. 19),
- welche grundlegenden Visualisierungsmöglichkeiten Sie nutzen können (ab S. 31) und
- welche Tools und Medien sich eignen (ab S. 40).

Visualisieren – mehr als bunte Bildchen

Es gibt kaum noch Berufe oder Kontexte, in denen nicht visualisiert wird: Ob der Tierarzt dem Hundehalter die Therapiemöglichkeiten am Whiteboard erklärt, der Verkäufer dem Kunden die Produktmerkmale am Tisch skizziert oder der Fußballtrainer die Aufstellung und Taktiken am Flipchart näherbringt – rein verbale Informationen werden immer seltener eingesetzt. In allen Fällen hilft Visualisierung, komplexe Zusammenhänge zu verdeutlichen, die Aufmerksamkeit zu erhöhen und den Behaltenswert zu verbessern. Visualisierungen bieten auch schnelle Orientierung – stellen Sie sich die Inhalte der Straßenverkehrsschilder in Textform vor!

Doch was macht Visualisierungen eigentlich genau aus? Der Begriff steht für die Umsetzung von Informationen in Bilder mit Hilfe von textlichen oder grafischen Mitteln. Das heißt, im weiteren Sinne umfasst Visualisieren die Darstellung von

- reinen Texten, z. B. mit Aufzählungspunkten, die dem Text eine optische Struktur verleihen,
- Informationen mit grafischen Mitteln, z. B. als Diagramm, Foto oder Zeichnung,
- komplexen Zusammenhängen in einem Schaubild oder einer Infografik.

Die folgende Abbildung zeigt unterschiedliche Arten von Visualisierung:

Hier wurde der Text übersichtlich strukturiert und bietet einen schnellen Überblick.

Behaltenswert	
Hören	20 %
Sehen	30 %
Hören und Sehen	50 %

Hier wurde der Text mit Symbolen für Ohr und Auge ergänzt.

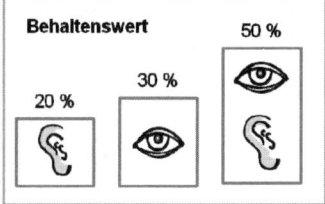

Dieses Bild veranschaulicht die unterschiedlichen Grade des Behaltenswerts durch die Höhe der Säulen (zum Zusammenhang von Bildern und Behaltenswert, siehe S. 10).

Unterschiedliche Visualisierungsarten

Manchmal wird Visualisieren als Aufforderung missverstanden, willkürlich Bilder in die Präsentation einzubringen – Texte mit ClipArts oder Fotos zu ergänzen, ist jedoch kaum mehr als eine Dekoration der Folien. Effektives Visualisieren hingegen setzt Schwerpunkte und ist wesentlich mehr als bloßes Ornament.

Übersicht: Die Effekte guter Visualisierungen

- Visualisierungen verdeutlichen etwas, sie bringen eine Aussage auf den Punkt, so dass sie mit einem Blick erfassbar ist. Beispiel „Symbole": Statt langer Anweisungen genügt ein einziges Bild, das genau die *eine* Botschaft signalisiert, auf die es ankommt.

- Visualisierungen machen komplexe Aussagen (Entwicklungen, Kausalbeziehungen u.a.), die rein textlich nur mit komplizierten Sätzen darstellbar ist, leichter und schneller erfassbar. Beispiel: Umsatzentwicklungen oder Einflussfaktoren auf den Umsatz in einem Diagramm.

- Visualisierungen lenken die Aufmerksamkeit auf das, was wichtig ist. Beispiel „Farbe": eine farbige Hervorhebung, eine Umrandung oder ein farbiges Textfeld (Kasten).

- Visualisierungen unterscheiden, gruppieren und stellen Zusammenhänge her: Unterschiede/ Gemeinsamkeiten von Informationen werden im Bild klarer. Beispiel: die verschiedenen Ebenen in einem Organigramm.

- Durch wiederkehrende Elemente wird ein roter Faden geschaffen, der durch die gesamte Präsentation führt.

Daraus ergeben sich folgende hauptsächliche Einsatzgebiete im beruflichen Kontext:

- Unterstützung des gesprochenen Wortes in Präsentationen,

- Fragestellungen, Arbeitsanleitung und Dokumentation von Ergebnissen in Moderationen und Besprechungen,

- Ersatz von komplexen Texten in Infografiken.

Das Lernen und Verstehen fördern

Bilder spielen bei der Wissensaufnahme und -verarbeitung eine besondere Rolle. Wie dies funktioniert, lässt sich anschaulich anhand folgender Übung erleben: Lesen Sie den nächsten Absatz zweimal durch und wiederholen Sie dann das Gelesene, ohne dabei auf den Text zu schauen.

Beispiel

 Ein Zweibein sitzt auf einem Dreibein und isst ein Einbein. Da kommt ein Vierbein und klaut dem Zweibein das Einbein. Da nimmt das Zweibein das Dreibein, droht damit dem Vierbein, und das lässt das Einbein wieder fallen. (Bekannt geworden durch Vera F. Birkenbihl)

Konnten Sie diesen Text nach zweimaligem Lesen exakt wiedergeben, ohne hinzuschauen? Wenn nein, dann sind Sie nicht allein: Diese scheinbar sinnlose Aneinanderreihung von abstrakten Ausdrücken kann das Gehirn nur schwer verarbeiten. Kaum haben Sie den Text gelesen, haben Sie ihn schon wieder vergessen. Wie es leichter geht? Wenden Sie ein Grundprinzip des effizienten Lernens an, nämlich: mit Bildern arbeiten. Verknüpfen Sie den Text also mit Bildern: Stellen Sie sich vor, das Zweibein ist ein Mensch, das Dreibein ein dreibeiniger Hocker, das Vierbein ein Hund und das Einbein ein Hühnerschenkel. Dann lesen Sie die obige Geschichte ein weiteres Mal. Sehen Sie diese Dinge und die beschriebenen Ereignisse beim Lesen des Textes vor Ihrem inneren Auge? Jetzt haben Sie die Bilder im Kopf, wie ein Mensch auf einem Hocker sitzt und einen Hühnerschenkel isst, ein Hund dazu kommt usw. Das heißt, sobald Sie trockene Informationen in lebendige Bilder umwandeln, freut sich Ihr Gehirn und arbeitet erfolgreich mit.

Den Behaltenswert erhöhen

In Trainings und in der Literatur finden Sie oft Prozentangaben über den unterschiedlichen Behaltenswert von Informationen, je nachdem, durch welchen Wahrnehmungskanal sie in unserem Gehirn eingehen. Angegeben wird, dass Menschen 20 % durch Hören, 30 % durch Sehen und in der Addition 50 % durch Hören und Sehen behalten – wissenschaftliche Quellen werden dabei nicht benannt (Abb. S. 7). Nachgewiesen scheint aber zumindest zu sein, dass Informationen, die über zwei Eingangskanäle (Ohren und Augen) kommen, besser verankert werden, soweit sie gut koordiniert bzw. synchronisiert sind (vgl. Klimsa, Paul, Information und Lernen mit Multimedia, 3. Aufl. 2002).

Berücksichtigen Sie auch, dass Ihr Publikum bis zum Beginn Ihres Vortrages vielfältigen – bildhaften – Eindrücken ausgesetzt ist: der Raum, die Landschaft draußen, Ihre Person, Gegenstände und Logos rundherum. Gegen solche Einflüsse kommen Sie mit reinen Textfolien oder -charts oft nur schwer an. Wenn Sie rasch und sicher informieren, motivieren und überzeugen sowie Ihre Zuhörer auch emotional ansprechen wollen, dann gibt es nur eines: Gewichtsverlagerung vom Text zum Bild.

> Je mehr Sinne bei der Wissensaufnahme angesprochen werden, desto stärker ist der Behaltenswert der Information.

Die Bedeutung von Emotion

Sicher wissen Sie noch ganz genau, wo Sie gerade waren, als Sie von den Anschlägen auf das World Trade Center am 11. September 2001 erfahren haben. Der Grund ist einfach: Ereignisse mit hoher emotionaler Beteiligung bleiben wesentlich besser im Gedächtnis haften als emotional weniger intensive Situationen. Was bedeutet das für Ihre Visualisierung? Integrieren Sie Bilder in Ihren Vortrag: Bilder lösen eher Emotionen aus als rein verbale Informationen. Dies hat die Hirnforschung durch zahlreiche Untersuchungen belegt und viele Beispiele demonstrieren dies.

Beispiele

 Stellen Sie sich vor, Sie sind in einem Workshop zur Konfliktbearbeitung in Ihrem Unternehmen. Der Moderator beginnt mit den Worten: „Bevor wir mit der Konfliktbearbeitung beginnen, sind einige Verabredungen zu treffen. Erstens: ..." Stellen Sie sich weiter vor, der Referent hat zusätzlich das nebenstehende Flipchart vorbereitet: Die Visualisierung mit dem  Handschlag drückt die Verbindlichkeit dieser Verabredungen stärker aus, weil das Bild von zwei Menschen, die sich die Hand geben, in uns entsprechende Emotionen auslöst.

> Auch die Werbung nutzt die emotionsauslösende Wirkung von Fotos für ihre Zwecke. Spendensammler wissen, dass sich viele Menschen nur schwer der Wirkung eines ausgemergelten Kindergesichts oder eines sterbenden, ölverschmierten Tieres mit einer Geschichte dazu entziehen können.

Vielleicht fragen Sie sich jetzt, was Ihr sachlicher, zahlenlastiger Vortrag mit Emotion zu tun hat. Mehr als auf den ersten Blick erkennbar – Sie müssen sich nur fragen, was Sie mit Ihren Zahlen bewirken wollen: Ihre Zuhörer beruhigen, im Sinne von: „Wir haben alles im Griff"? Oder im Gegenteil, mit dramatischen Zahlen Angst machen und erreichen, dass Entscheidungen getroffen und umgesetzt werden? In den Kapiteln zu PowerPoint (ab S. 45) und zum Flipchart (ab S. 71) finden Sie zahlreiche Beispiele, wie Sie neben der reinen Sachinformationen mit Ihren Visualisierungen Emotionen transportieren und auslösen können.

Visualisierungsstile berücksichtigen

Auf Seite 15 sehen Sie vier verschiedene Flipcharts. Vielleicht sagen Sie, eines oder zwei davon könnten von Ihnen gestaltet sein, ein anderes auf keinen Fall? Diese vier Flipcharts stehen für unterschiedliche Visualisierungsstile, von denen per se keiner schlecht ist – sie sprechen lediglich unterschiedliche Zuhörertypen an. Zunächst soll hier kurz das Modell vorgestellt werden, das sich hinter den Visualisierungsstilen verbirgt: Es ist die LIFO®-Methode. Sie hilft Ihnen in vielen Kontexten, Ihr Verhalten und das Ihres Gegenübers besser zu verstehen und sich darauf einzustellen: etwa in der Führung oder im Verkauf und auch bei der Visualisierung.

Die LIFO®-Methode im Überblick

Die LIFO®-Methode (LIFO® steht für Life Orientations) wurde von den Sozialpsychologen Dr. Stuart Atkins und Dr. Allan Katcher im Jahr 1967 entwickelt. Sie beruht auf den humanistischen Theorien der Psychologen Erich Fromm und Carl Rogers sowie des Ökonomen Peter Drucker. Sie ist ein hilfreiches Instrument, Verhalten objektiv zu beschreiben, fördert gegenseitiges Verständnis und dient der Darstellung und Verdeutlichung persönlicher Verhaltensmuster. Diese werden hauptsächlich als Ergebnis bisherigen Lernens und bisheriger Erfahrungen gesehen, können jedoch mit ausreichender Motivation und Übung verändert werden. Die LIFO®-Methode geht von vier Grundstilen aus, aus deren Kombination sich unterschiedliche Verhaltensmuster ergeben:

Leistung	Kooperation
unterstützend/hergebend	anpassend/harmonisierend
Vernunft	**Aktivität**
bewahrend/festhaltend	bestimmend/übernehmend

Hinter jedem Stil liegen unterschiedliche Bedürfnisse und Stärken:

unterstützend/hergebend

- Bedürfnisse: Ein zugänglicher und wertvoller Mensch sein. Geschätzt, verstanden und akzeptiert werden. Wissen, dass Ideale nicht verloren gehen.
- Stärken: Bewundert, unterstützt die Leistung anderer. Stellt hohe Ansprüche an sich und andere. Hilft anderen, nimmt sie in Schutz.

anpassend/harmonisierend

- Bedürfnisse: Ein liebenswerter, beliebter Mensch sein. Jeder soll mit dem Ergebnis zufrieden sein. Gelegenheiten nutzen, anderen zu gefallen.
- Stärken: Feines Gespür für Gefühle und Bedürfnisse. Reagiert flexibel, keine festgefahrenen Muster. Vermittelt bei gegensätzlichen Meinungen.

bewahrend/festhaltend

- Bedürfnisse: Objektiv und vernünftig sein. Risiken vermeiden und beseitigen.
- Stärken: Arbeitet methodisch sauber, umsichtig, abwägend. Maximiert, was bereits vorhanden ist. Analysiert, interpretiert und schafft Fakten. Begründet.

bestimmend/übernehmend

- Bedürfnisse: Ein aktiver und fähiger Mensch sein. Hindernisse überwinden. Noch andere Möglichkeiten sehen.
- Stärken: Übernimmt Führung, hat bestimmenden Einfluss. Freut sich an Herausforderungen. Verfolgt Neues.

So wirken sich die Grundstile aus

Was bedeutet dies für das Thema Visualisierung? Vielleicht haben Sie auch schon beobachtet, dass Kollegen den gleichen Sachverhalt ganz anders visualisieren als Sie. Das hat einerseits natürlich mit Übung und Erfahrung zu tun, aber auch mit dem persönlichen Motiv: Soll die Visualisierung Qualität sichern, für Abwechslung sorgen, Vollständigkeit gewährleisten oder beschleunigen? Am Flipchart lassen sich die Merkmale der verschiedenen Visualisierungsstile am besten verdeutlichen.

unterstützend/hergebend

anpassend/harmonisierend

bewahrend/festhaltend

bestimmend/übernehmend

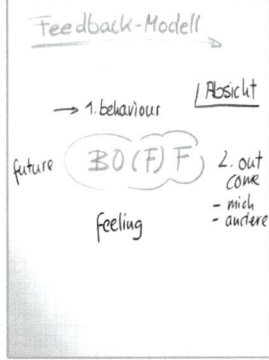

unterstützend/hergebend

Liebevolle Gestaltung, Darstellung von Personen als Figuren, sorgfältiger Einsatz von Farbe und Schattierungen für ansprechende Wirkung. Gern auch Einsatz von sorgfältig ausgewählten (laminierten) Fotos. Hoher Anspruch an Lesbarkeit und harmonisch-ästhetische Darstellung. Quellenangaben.

Die Bilder drücken aus: Wertschätzung und Sorgfalt; Harmonie

anpassend/harmonisierend

Kreatives Chaos, spontan entwickeltes Bild mit Verweisen und Verknüpfungen. Raumfüllende Darstellung. Ausladende Schrift. Verbleibender Platz auf dem Chart wird genutzt, um weiteres Thema zu erörtern. Zur Auflockerung werden alle vorhandenen Farben genutzt.

Die Bilder drücken aus: Flexibilität und Kreativität; Stimulanz

bewahrend/festhaltend

Strukturierte, übersichtliche Darstellung mit viel Text und Information, auch in Form von Tabellen. Nummerierung von Überschrift und Seite. Kleine Schriftgröße. Eher einfarbig, Farbe wird (nur) eingesetzt, wenn zur Strukturierung nötig

Die Bilder drücken aus: Struktur und Vollständigkeit; Gliederung und Ordnung.

bestimmend/übernehmend

Vorbereitetes oder spontan entwickeltes Bild, um lange Erklärungen zu sparen, wenig Text, reduziert auf Stichworte. Symbole, soweit sie vereinfachen. Farbe wird (zur Vereinfachung) genutzt, wenn verfügbar. Kein überflüssiger Schnickschnack.

Die Bilder drücken aus: Dynamik und Effektivität; Einfachheit

Wirkung auf die Zuhörer

Wie wirken die Visualisierungsstile auf den Zuhörer? Präsentationen, die ausschließlich in einem Stil gestaltet sind, führen den Zuhörer vielleicht zu Fragen wie diesen:

unterstützend/hergebend	anpassend/harmonisierend
Hat der Referent außer Malen und Basteln noch ein anderes Hobby? Werde ich manipuliert?	Hat der Referent jetzt völlig den roten Faden verloren? Was machen wir noch mal gerade?
bewahrend/festhaltend	**bestimmend/übernehmend**
Wenn schon alles auf dem Flipchart steht, warum ist der Referent nicht einfach still und lässt mich in Ruhe lesen? So viele Infos kann ich so schnell nicht lesen.	Alles wird abgekürzt, nur Schlagworte, schnell, schnell – wie soll ich das nachvollziehen?

Als Fazit für Ihre Visualisierung: Auch wenn Sie erkannt haben, dass Sie zu einem bestimmten Visualisierungsstil neigen: Versuchen Sie, alle vier Stile in Form einzelner Folien, Flipcharts oder einzelner Elemente zu integrieren (das heißt natürlich nicht, dass jede einzelne Folie oder jedes Chart die Merkmale aller Stile tragen muss). So gehen Sie sicher, dass Sie alle im Publikum vorhandenen verschiedenen Visualisierungstypen ansprechen. Sie schlagen zwei Fliegen mit einer Klappe: Sie regen jeden Typ an und vermeiden Ablehnung aufgrund einer einseitigen Ausrichtung.

Auf Ziele und Zielgruppe ausrichten

Die verschiedenen Stile sind ein wichtiger Aspekt der Vorbereitung auf die Zielgruppe. Darüber hinaus ist es empfehlenswert, dass Sie sich im Vorfeld über Ihre Ziele und Ihre Zielgruppe Gedanken machen. Häufig werden Präsentationen mit der Frage „Was habe ich zu erzählen?" vorbereitet statt mit der Frage: „Was interessiert meine Zuhörer?" Was bedeutet das für Präsentation und Visualisierung?

Checkliste: Auf Ziele und Zuhörer ausrichten

- Was ist Ihr Ziel? Was sollen Ihre Zuhörer nach Ihrer Präsentation tun, wie sollen sie sich fühlen? Wollen Sie informieren, begeistern, überzeugen, Entscheidungen herbeiführen, aufrütteln? Ist dazu eine sachlich-nüchterne oder persönlich-emotionale Visualisierung geeignet?

- Überlegen Sie, welches Vorwissen, welche Einstellung Ihre Zuhörer haben? Was bewegt sie beruflich oder auch persönlich? Was sind ihre Interessen, Sorgen und Wünsche? Welche Visualisierung erwarten Ihre Zuhörer, was sind sie gewohnt? Wollen Sie diese Erwartungen erfüllen – oder mit etwas anderem überraschen?

- Warum ist Ihr Thema für diese Menschen wichtig? Warum sollen sie Ihnen hier und jetzt zuhören?

- Wie gestalten sie Ihre Visualisierung so, dass sich verschiedene Zuhörertypen (siehe Visualisierungsstile, S. 14) angesprochen fühlen?

Die Grundprinzipien des Visualisierens beachten

Der Maßstab für eine gelungene Visualisierung kann sehr unterschiedlich sein. Gleichwohl gibt es Grundprinzipien, deren Einhaltung in der Regel die Qualität und die Wirkung verbessert.

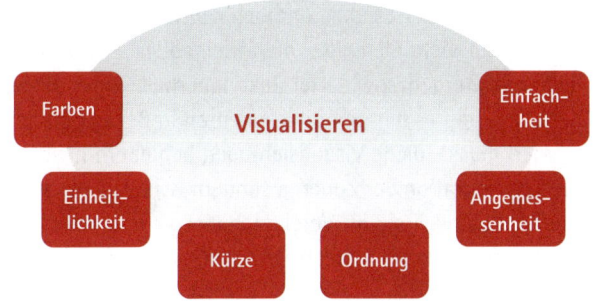

Die sechs Grundprinzipien des Visualisierens

Einfachheit

*„Unverständlichkeit ist noch lange kein Beweis für tiefe Gedanken."
(M. Reich-Ranicki)*

Ziel des Prinzips „Einfachheit" ist es, visuelle Eindrücke so zu vereinfachen, dass sie der Zuhörer ohne besondere Anstrengung verstehen kann. Dies funktioniert gut, wenn die grafische Botschaft einfach gehalten wird. Halten Sie sich daher bei der Visualisierung an das KISS-Prinzip: Keep it simple + stupid:

- Lassen Sie weg, was den Leser stört und ablenken kann. Zu viele dreidimensionale Objekte, einfliegende Grafiken oder überflüssige Verzierungen ziehen die Energie des Zuschauers in die falsche Richtung.

- Komplexe und überladene Gestaltungen von Bildern erschweren das Verständnis und behindern die Konzentration, z. B. zu viele Elemente, die miteinander in Beziehung gebracht werden sowie viel Text innerhalb eines Bildes, der vom Zuhörer mit den Bildelementen in Bezug gebracht werden muss. Solche Visualisierungen behindern nicht nur die Konzentration der Zuhörer, sondern wirken sogar kontraproduktiv, weil sie im Vereinfachungsprozess der Wahrnehmung zu völlig unbeabsichtigten Schlussfolgerungen führen können.

Beispiel

 In der folgenden Abbildung möchte ein Sprecher zeigen, dass die Anzahl der Verträge in den Bundesländern stark variiert und in Nordrhein-Westfalen am höchsten ist. In *Bild 1* muss der Leser zunächst entscheiden, auf welche der beiden Bildhälften die wichtigen Informationen zu finden sind. Um sich die Aussage zu erschließen, muss er fast alle Zahlen lesen, verstehen und zueinander in Beziehung setzen. Abgelenkt wird er dabei durch überflüssige Informationen wie die Topografie auf der Deutschlandkarte und die Angabe der Nachbarländer In *Bild 2* erfolgt die Informationsaufnahme durch die Verbildlichung der Zahlen mittels Säulen sowie durch die einfache Deutschlandkarte rascher und wirkungsvoller.

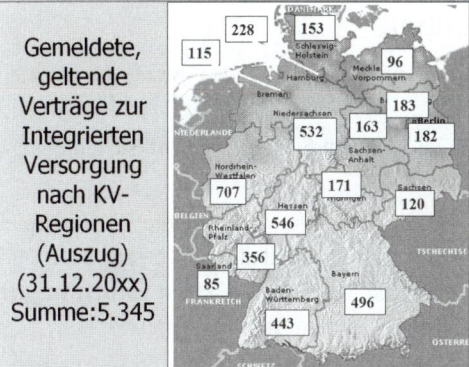

Bild 1: eher unübersichtlich

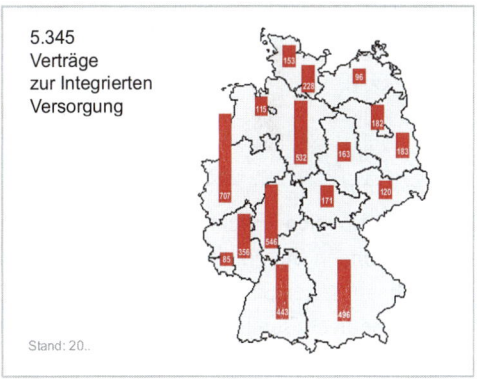

Bild 2: vereinfachte Fassung

Mehr Wirkung durch Vereinfachung in PowerPoint

- Für Textvisualisierungen gilt: Nutzen Sie geläufige Wörter in Halbsätzen oder Stichwörtern. Formulieren Sie so konkret und anschaulich wie möglich. Bei abstrakten oder zu komplizierten Darstellungen muss der Leser viel Zeit zum Lesen und Verstehen aufwenden.

Angemessenheit

„Der gute Geschmack ist die Fähigkeit, der Übertreibung entgegenzuwirken."
(Hugo von Hofmannsthal)

Die Frage nach der Angemessenheit bezieht sich auf verschiedene Dimensionen:

- Der Situation und Zielgruppe angemessen: Zum Beispiel passen bunte und lustige Darstellungen besser zu einem Workshop mit Auszubildenden als in einen Vortrag vor der Managementebene – zumindest in der Regel.

- Dem Ziel angemessen: Wenn Sie möglichst sachlich informieren wollen, nutzen Sie z. B. für Umsatzentwicklungen ein gängiges Säulendiagramm *(Bild oben)*.

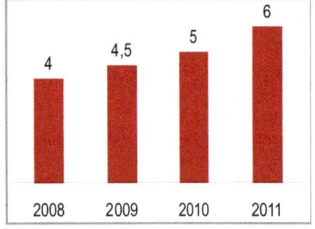

Einen größeren emotionalen Effekt (z. B. Begeisterung) können Sie erzielen, indem Sie sich auf zwei Säulen beschränken und diese live visualisieren *(Bild unten)*: Sie schlagen ein leeres Flipchart auf, sagen: „Da standen wir letztes Jahr." und zeichnen eine entsprechende Säule. Pause. Dann: „Und da stehen wir in diesem Jahr." Jetzt malen Sie die zweite Säule –

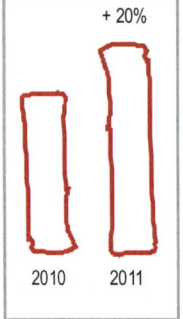

und erläutern: „Satte 20 % mehr!". Die Relationen dürfen ruhig etwas übertrieben sein – dafür ist die Skizze handgefertigt. Und auf das reduziert, was relevant ist. So unterstützen Sie mit einer angemessen Form besser Ihr Ziel (zur Live-Visualisierung, siehe S. 91).

- Dem Nutzen angemessen: Aufwändige Visualisierungen, z. B. in Form von Infografiken, sind zeitintensiv und lohnen eher, wenn es um die Kommunikation an ein breites Publikum geht. Bei einem routinemäßigen Meeting beispielsweise wirken sie hingegen übertrieben.

Gliederung und Ordnung

„Ordnung ist die Verbindung des Vielen nach einer Regel." (Immanuel Kant)

Gut strukturierte Folien, Bilder und Charts erleichtern dem Leser das Verständnis und steigern die Wirkung. Dafür gibt es vier grundlegende Möglichkeiten der Anordnung.

Symmetrie

Symmetrische Anordnungen sprechen das Harmoniebedürfnis des Betrachters an und signalisieren Ruhe und Gleichgewicht. Sie unterstützen die klare Gliederung von Inhalten. Symmetrisch ange-

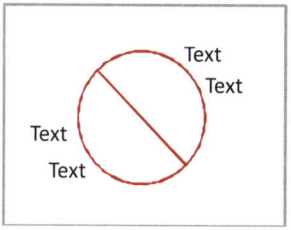

ordnet sind Elemente dann, wenn sie gleichmäßig auf den beiden Seiten einer vertikalen, horizontalen und/oder diagonalen Achse verteilt sind. Sehr stark unausgewogene Anordnungen strengen unnötig an, stören die Betrachtung und lenken den Zuhörer ab. Eine einzige bewusste Abweichung von der Symmetrie hingegen (= Asymmetrie) kann dazu dienen, Bewegung ins Bild zu bringen (siehe dazu auch „Dynamik", S. 25). Symmetrische Formen sind immer dann besonders sinnvoll, wenn etwas in seiner Gesamtheit mit seinen gleichwertigen Bestandteilen dargestellt werden soll (Beziehung zwischen Ganzen und Teilen).

Reihung

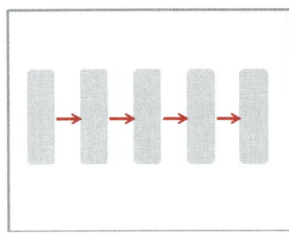

Mit Reihung ist die klare Aufeinanderfolge inhaltlicher Punkte gemeint. So wirken Prozess- und andere Strukturen übersichtlich, weil sie etwas Komplexes in einzelne Bestandteile gliedern und deren feste Abfolge signalisieren. Texte, Formen und Elemente werden z. B. entlang einer horizontalen, vertikalen oder diagonalen Linie bzw. in Kreisform angeordnet und sind mit Linien oder Pfeilen verbunden. Berücksichtigen Sie immer die Lesegewohnheiten Ihres Publikums, das in der Regel von links nach rechts und von oben nach unten bzw. im Uhrzeigersinn liest (beginnend bei 12 Uhr). Texte in Reihung zu bringen, bedeutet in der Regel, linksbündig zu schreiben und neue Absätze mit Aufzählungszeichen versehen.

Rhythmus

Rhythmus (von griech.: *rhythmós*, Fließen) bedeutet die regelmäßige Wiederkehr bestimmter, gleichartiger Elemente. Bei Visualisierungen heißt dies: Verschiedene grafische Formen, Freiflächen, Farben oder Textelemente werden in einer bestimmten (regelmäßigen) Abfolge miteinander kombiniert. Das kann auch bereits die logische Abstufung einer Gliederung mit Unterpunkten sein oder hierarchisch strukturierte Organigramme. Der Effekt: Diese Anordnung wirkt der Monotonie einer einfachen Reihung entgegen, hebt einzelne Elemente hervor und setzt dadurch Betonungen.

 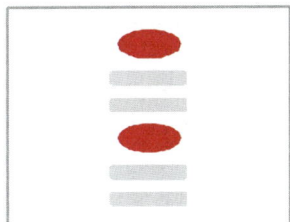

Dynamik

Eine Visualisierung ist dynamisch, wenn sie Bewegung oder Veränderung signalisiert:

- Linien steigen oder fallen.
- Pfeile deuten Veränderung an.
- Positive Dynamik verläuft von links unten nach rechts oben.

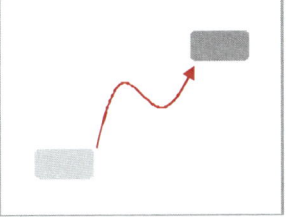

Auch Abweichungen von Reihung oder Symmetrie wirken dynamisch: Einer schert aus. Ansteigende oder fallende Umsatzkurven wirken ebenso bewegt wie das Bild eines springenden Löwen. Die Dynamik entsteht natürlich häufig aus den Inhalten: So werden Beziehungen wie Ursache-Wirkung oder Vergangenheit-Gegenwart bzw. Ist-Soll visualisiert.

Kürze und Prägnanz

„Perfektion ist erreicht, nicht, wenn sich nichts mehr hinzufügen lässt, sondern, wenn man nichts mehr wegnehmen kann." (St. Exupéry)

Bei der Prägnanz hilft Ihnen die Frage: „Was will ich dem Zuhörer mit diesem Punkt sagen und warum ist das für ihn wichtig?" – nicht nur beim Kürzen, sondern auch zur Qualitätssicherung Ihres Vortrags. Insbesondere für Textvisualisierungen gilt: Sie müssen sich deutlich vom gesprochenen Text absetzen, auf das Wesentliche reduziert sein. Dies erreichen Sie auch durch das Ersetzen von Worten durch Zeichen (Pfeile, Gliederungspunkte usw.) und Symbolen (Blitze, Haken, Ampeln usw.), Bilder, Skizzen oder Diagramme. Beispiel: Die rechte Folie wirkt durch weniger Text, Textrahmen und farbige Nummerierung wesentlich prägnanter.

Kürze und Prägnanz in Textfolien: rechts die verbesserte Folie

Einheitlichkeit

„Chaos ist die Ordnung, die wir nicht verstehen." (Konstantin Wecker)

Sorgen Sie mit einem einheitlichen Layout bei Ihren Folien und Flipcharts für Wiedererkennungswert. Das betrifft:

- Schriftarten-, farben- und größen
- Farben generell
- Formate, z. B. Maße von Bildelementen und Formen
- Anordnung: Wo steht was?

Beispiele: einheitliche Gestaltung und Positionierung von Überschriften, ähnliche Farben für ähnliche Informationen, Umrandungen etc. All dies ermöglicht den Zuhörern, aufeinander bezogene Objekte als solche zu begreifen, visuell zu einer Einheit zu organisieren und das Ganze schnell zu überblicken und zu verstehen. Bei PowerPoint heißt das, den Folienmaster einmal so zu definieren, wie Sie sich den Standard vorstellen. Beim Flipchart ist es je nach Layout aufwändiger, die Blätter einheitlich zu erstellen. Überlegen Sie sich im Vorfeld, wie Sie Überschriften abheben, wie Aufzählungspunkte aussehen, welche Stiftfarben und -größen Sie einsetzen.

Ein durchgängiges einheitliches Layout wirkt in jedem Fall professioneller und durchdachter als ein kreatives Sammelsurium. Das einheitliche Layout sollte für die Mehrheit der Folien/Charts angewendet werden. Ausnahmen sind immer möglich und sogar sinnvoll, wenn die Inhalte oder die Dramaturgie Abweichungen verlangen.

Farben

„Blau ist das männliche Prinzip, herb und geistig. Gelb ist das weibliche Prinzip, sanft, heiter und sinnlich. Rot die Materie, schwer und brutal."
(Franz Marc)

Auch wenn sich die Farbwirkung aus der Kunst nicht unmittelbar auf Visualisierungen übertragen lässt, so ist es doch Tatsache, dass Farben eine besondere Wirkung haben. Für den beruflichen Kontext gilt: Gehen Sie sparsam mit Farben um. Weniger ist mehr.

> Farbe bringen Sie mit Ihrer Sprache und Ihrer Persönlichkeit in die Präsentation!

Dennoch ist es sinnvoll, Farben einzusetzen – Farbe erhöht nicht nur die Aufmerksamkeit bei einer Visualisierung. Gezielt eingesetzt (das heißt: konsequent, funktional und sparsam verwendet) kann Farbigkeit hervorheben, Bedeutung tragen, Strukturen verdeutlichen und die Verständlichkeit erhöhen.

Was sollten Sie beim Einsatz der Farben beachten?

1 **Farbschemata nutzen:** Viele Organisationen haben ein Corporate Design mit Corporate Colours, einem Farbschema, mit dem sie identifiziert werden. Kernpunkt darin ist die Farbe des Logos, z. B. das Magenta (pink) der Deutschen Telekom oder das Gelb der Post. Ergänzt werden weitere Farben, die nötig sind, um die Wirkung zu unterstützen. Meist ist gewünscht, dass Sie als Mitarbeiter das Farbschema in Ihrer Präsentation übernehmen – damit sind Sie automatisch eingeschränkt, was die Nutzung an-

derer Farben angeht. Die Zusammenstellung von Farbtönen zu einer gelungen Komposition ist für Laien ein Wagnis. Verwenden Sie dann besser eines der in PowerPoint (ab 7.0) hinterlegten Farbschemata.

2 **Farben mit Bezug und Logik einsetzen:** Der vielleicht größte Fehler, der beim Umgang mit Farben gemacht wird, ist die Vorstellung, dem schwarzen Text durch bunte Bildchen „gute Stimmung" zu verleihen. Setzen Sie Farbe besser gezielt ein und zwar, um

— Sachverhalte hervorzuheben, Wichtiges von weniger Wichtigem zu unterscheiden,

— Beziehungen zwischen Informationen zu veranschaulichen (z. B. Gleichrangigkeit, Hierarchie, Zusammengehörigkeit). Damit geben Sie Orientierung und Struktur: Für Ihr Publikum ist die konsequente Einhaltung der Farbgestaltung wichtig. Was ähnlich oder gleich ist bzw. der gleichen Kategorie angehört, sollte die gleiche Farbe haben. Umgekehrt können Unterschiede (z. B. hierarchische, regionale, Vergangenheit, Gegenwart), durch unterschiedliche Farben verdeutlicht werden.

3 **Kontraste nutzen:** Hintergrund und Text/Objekte sollten relativ starken Kontrast bieten. Für weißes Flipchartpapier heißt das: Texte und wichtige Objekte in dunklen Farben (schwarz, blau) sind wesentlich besser lesbar als in rot, grün oder gar gelb, die mangels Kontrast auf die Distanz fast verschwinden. Bei PowerPoint ist ein heller (weißer oder cremefarbener) Hintergrund mit dunkler Schrift empfehlenswert. Ein dunkelblauer oder schwarzer Hintergrund

mit weißer oder leicht abgetönter Schrift ist ebenfalls kontrastreich und wirkt elegant, wird aber nur in abgedunkelten Räumen als angenehm empfunden. Auch bei grafischen Elementen sind Kontraste wichtig: Linien, Balken oder Tortenstücke im Diagramm sollten aus der Perspektive des Zuhörers deutlich zu unterscheiden sein. Falls Schwarz-Weiß-Kopien oder -Drucke angefertigt werden, nutzen Sie am besten von vornherein Graustufen. Die Farbwerte z. B. von Rot und Grün sind sich im Schwarz-Weiß-Druck sehr ähnlich.

4 **Botschaft von Farben berücksichtigen:** Dass Sie kritische Situationen nicht grün markieren oder melancholische Stimmungen nicht sonnengelb unterlegen, ist selbstverständlich. Verwenden Sie Farben, die Ihre Aussage unterstützen. Hier eine Übersicht über die grundlegende Wirkung der Grundfarben (welchen der vielen Rot-, Grün-, Blau- und Gelbtöne Sie einsetzen sollten, wird durch Ihr Farbschema bestimmt):

Farbe	Einsatz in der Visualisierung	Wirkung
Schwarz	Als Schrift; Grafik/Zeichnung, ggf. Kontur	Hart, klar, schwer
Dunkel-grau	Wie schwarz	Klar, professionell
Weiß	Als Hintergrund	Leicht, ruhig, licht
(Dun-kel)Blau	Wie Schwarz	Kühl, fest, hart
Rot	zur Betonung; als Ampelfarbe: für Kritisches	Dynamisch, warm aggressiv, Gefahr

Farbe	Einsatz in der Visualisierung	Wirkung
Gelb	Heller, warmer Gelbton ggf. als Hintergrund	Leicht, heiter
Grün	Um Positives zu betonen, als Ampelfarbe: „ok"	Positiv, entspannt, ruhig

Visualisierungsmöglichkeiten im Überblick

Text als Visualisierung

Einen Text zu visualisieren, bedeutet, ihn so zu gestalten und anzuordnen, dass er schnell und leicht erfassbar ist. In der Regel ist dies dann der Fall, wenn er in kurze Einheiten gegliedert ist und in eine Reihung (Aufzählung) oder mittels Textblöcken so positioniert ist, dass das Auge darin eine optische Struktur, quasi ein Bild erkennt.

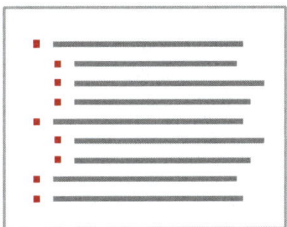 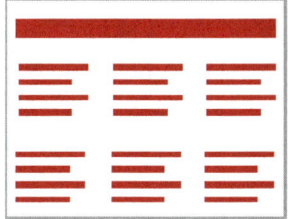

Visualisierte Texte

Visualisieren mit Symbolen

Grafische Zeichen und Symbole werden von unserem Gehirn in Bruchteilen von Sekunden wahrgenommen und in den meisten Fällen verstanden – wesentlich schneller als Texte. Nutzen Sie Symbole in der Präsentation, um die wesentliche Information direkt ins Auge springen zu lassen. Beliebt ist z. B. die Darstellung des Projektstatus mit Ampelfarben – so sind kritische und erfolgreiche Tasks für die Entscheider mit einem Blick zu erfassen.

Beispiele

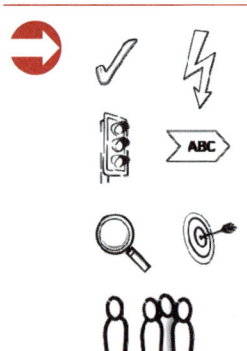

Sie können standardisierte Symbole verwenden, wie Lupe, Geld, Zielscheibe oder das berühmte „Erledigt"-Häkchen. Ein halbstandardisiertes Symbol ist beispielsweise die Ampel: Sie wird häufig im Projektmanagement bzw. -reporting genutzt. Die rote Ampel bedeutet: Status kritisch. Die grüne signalisiert: alles in Ordnung. Die Beteiligten sehen auf einen Blick, wie Teilprojekte oder Tasks stehen. Auch individuell zu einem bestimmten Zweck geschaffene Symbole sind bestens geeignet, z. B. in einem Workshop einen gemeinsamen Zeichencode zu schaffen und damit durch die Veranstaltung zu führen. Beispiel: ein einzelnes Strichmännchen als Symbol für „Einzelarbeit", eine Dreiergruppe für „machen wir gemeinsam" einsetzen.

Visualisieren von Zahlen mit Diagrammen

Diagramme sind das Mittel der Wahl, wenn es um die Darstellung von Zahlen geht. PowerPoint bietet Ihnen eine Vielzahl von vorgefertigten Formen an. Im Folgenden finden Sie einen Überblick sowie Erläuterungen zu ihrer Wirkung. Bei allen Diagrammen sollten nicht zu viele Größen abgebildet werden: Für die Obergrenze ist 8 ein Richtwert – mehr Säulen im Säulendiagramm oder Stücke im Tortendiagramm reduzieren die Lesbarkeit und Übersichtlichkeit. Kleine Einheiten können Sie ggf. zusammenfassen.

Auch wenn Diagramme per se nicht jeden begeistern: Bei richtiger Anwendung können sie durchaus einen Effekt beim Zuhörer erzeugen („Ah, das ist aber gestiegen" oder „Oh, der Anteil ist aber klein."). In den meisten Präsentationen ist dies genau das, was Sie erreichen möchten: Der Zuhörer soll Bezüge herstellen und bewerten, nicht einfach nur die reine Information zur Kenntnis nehmen.

Liniendiagramm:
Entwicklung von Zahlen (eine oder max. drei Größen) im Zeitverlauf. Auf der x-Achse sind viele Werte pro Größe darstellbar. Trends werden sichtbar. Insbesondere für Kosten- und Umsatzentwicklungen und Börsenkurse geeignet.

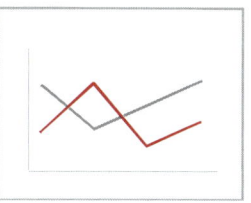

Säulendiagramm:
Der Schwerpunkt liegt hier mehr auf den absoluten Werten und dem Vergleich von Größen als auf der Entwicklung. Anzahl der Säulen möglichst beschränken. Einsatz z. B. bei der Darstellung von Umsätzen oder Beständen nach Regionen.

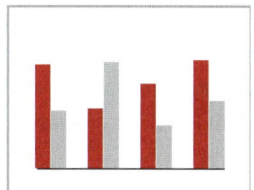

Balkendiagramm:
Vergleich von Werten. Durch horizontale Anordnung werden Unterschiede deutlicher und es ist mehr Raum für Beschriftung der Größen. Insbesondere für Rankings, z. B. die besten Vertriebseinheiten, Umfrageergebnisse über die beliebtesten Politiker

Tortendiagramm:
Darstellung von Anteilen am Gesamtwert. Die absoluten Werte sind hier zweitrangig, visualisiert wird nur die Relation der Werte zueinander. Es wird z. B. genutzt, um Umsatzverteilung oder Marktanteile darzustellen.

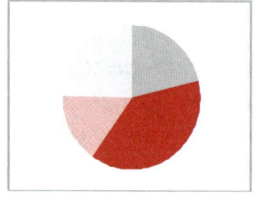

Visualisieren von Informationen mit Grafiken

Zahlen mit Diagrammen zu visualisieren, ist naheliegend – wie aber visualisieren Sie einen Text ohne Zahlen? Der erste Schritt ist, die logische Struktur des Textes herauszufinden: Beschreibt er z. B. Abfolgen, Prozessschritte, Beziehungen oder hierarchische Strukturen? Dann gibt es fast immer Alternativen zur reinen Textfolie: Je nach nachdem, wie die Punkte miteinander in Verbindung stehen, können verschiedenen Gestaltungen die Aussage visuell unterstützen. Diese Strukturen lassen sich sowohl in PowerPoint als auch auf dem Flipchart umsetzen:

Prozesse, Phasen und Abfolgen

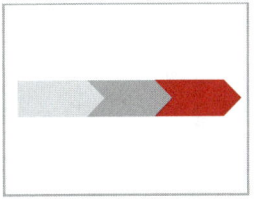

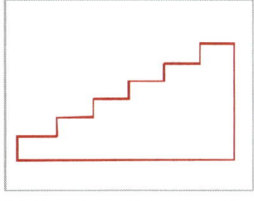

Prozessschritte, Entwicklung, Abfolge. Wirkung: Klarheit, Systematik, Zielgerichtetheit, Dynamik.

Schrittweise Abfolgen, Prozesse. Wirkung: Höherentwicklung, Verbesserung.

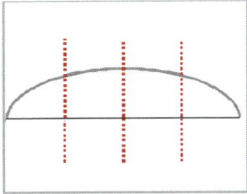

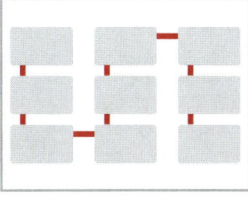

Darstellung von Phasen mit inhaltlicher Aussage z. B. über Aufwand. Wirkung: Harmonie. Ausgeglichenheit. Anwendungsbeispiel siehe S. 55.

Abfolge, Prozessschritte, Beziehungen. Relativ viele Elemente darstellbar. Wirkung: Reihung ohne klare Bewertung.

Zirkuläre Prozesse

Entwicklung

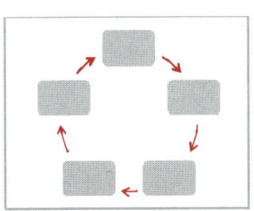

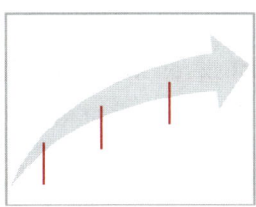

Fortlaufende Abfolge im Kreis. Wirkung: Geschlossenheit.

Abfolge mit Entwicklung nach oben. Wirkung: hohe Dynamik.

Hierarchien

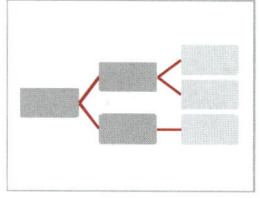

Hierarchische oder proportionale Beziehungen. Wirkung: klare Bewertung.

Hierarchien, Organigramme, Entscheidungsstrukturen. Anwendungsbeispiel siehe S. 114.

Teile eines Ganzen

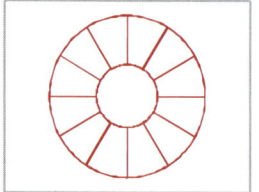

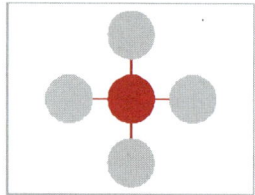

Aufzählungen, gleichwertige Teile des Ganzen. Wirkung: Geschlossenheit.

Beziehung zu einem zentralen Punkt. Wirkung: Geschlossenheit mit Fokus auf ein Element, Abhängigkeit wird deutlich.

Visualisieren komplexer Zusammenhänge

Manchmal lässt sich Komplexität nicht weiter reduzieren und detailreiche Grafiken sind unausweichlich. Ihre Wirkung ist zunächst professionell und der Vorteil ist, dass sie auch für andere Zwecke einsetzbar sind (Intranet, Internet, Print usw.). Wie aber lässt sich verhindern, dass sich der Zuhörer erschlagen fühlt? Indem Sie

- die Grafik möglichst groß und raumfüllend darstellen,

- die Animationsmöglichkeiten der Präsentationssoftware nutzen und die Grafik schrittweise aufbauen (nicht zu kleinschrittig, im Beispiel unten mit max. 3 Klicks) oder

- die Eckpunkte der Grafik am Flipchart vorbereiten und die Beziehungen vor den Augen der Zuhörer ergänzen.

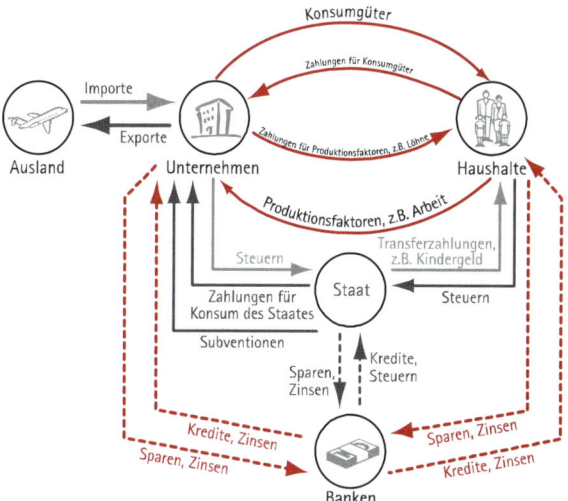

Komplexe Infografik (aus: TaschenGuide VWL Grundwissen)

Fotos und Bilder

- **Fotos:** In PowerPoint eingebettet oder auf ein Flipchart aufgeklebt sagen Fotos oft mehr als viele Worte. Warum? Sie stellen besonders starke Reize dar und können – im

Idealfall gewollte – Emotionen sowie Assoziationen bei Ihren Zuhörern auslösen. Dabei spielt es oft keine Rolle, ob das Foto „echt" ist oder nicht, also gestellt oder nachträglich bearbeitet.

Beispiele

 Viele Menschen müssen gähnen, wenn sie das Foto einer gähnenden Person sehen. Die Werbung arbeitet seit Jahrzehnten mit Großaufnahmen von Gesichtern und Produkten – und tatsächlich läuft vielen (hungrigen) Menschen beim Anblick der Abbildung einer formatfüllenden Pizza das Wasser im Mund zusammen. Wenn Sie die Vorteile eines Bausparvertrags mit dem Bild eines netten Bungalows im Grünen oder einem renovierten Innenstadt-Loft visualisieren, lösen Sie bei Ihren Zuhörern wahrscheinlich Emotionen wie etwa Sehnsucht aus.

Bei PowerPoint sind Fotos erste Wahl, um Sachverhalte wirkungsvoll darzustellen (siehe mehr dazu ab S. 56).

- **ClipArts:** Die ClipArt-Sammlungen sind sehr umfangreich und liefern viele gute Ideen – insbesondere zum Übertragen aufs Flipchart. Für PowerPoint sind sie mit Bedacht auszuwählen. Um nicht „billig" zu wirken, sollten sie sparsam eingesetzt werden und unbedingt in der Machart harmonieren und farblich passen. ClipArts vom Dateityp wmf lassen sich Ihren Corporate Colours anpassen.

- **Eigene Zeichnungen:** Es gibt Redner, die handgezeichnete Bilder zu ihrem Markenzeichen gemacht haben und diese in PowerPoint importiert nutzen. Diese Redner visualisieren durchgängig auf diese persönliche Weise. Ansonsten eignen sich Zeichnungen vor allem für das Flipchart. Warum sollten Sie sich aber die Mühe machen, Figuren, Personengruppen oder Bilder mit der Hand zu zeichnen und Ihren persönlichen Visualisierungsstil zu transportieren? Sie signalisieren den Zuhörern Wertschätzung, stellen Nähe her und erhöhen den Behaltenswert – gerade durch die Individualität der Zeichnungen. Als Referent oder Trainer bleiben Sie Ihrem Publikum wesentlich stärker als Person in Erinnerung als mit – meist austauschbaren – Fotos.

- **Cartoons:** Lassen Sie andere für sich sprechen. Passende Comic-Streifen oder Cartoons beschreiben eine Situation oft sehr trefflich und scharfzüngig – was Ihnen die Möglichkeit gibt, den Finger humorvoll in die Wunde zu legen, ohne selbst direkt zu kritisieren. Natürlich fühlen sich nicht alle Zuhörer durch Cartoons per se angesprochen - entscheidend für den Erfolg ist deshalb die Auswahl eines treffenden Comics und die gelungene Einbindung in die Dramaturgie Ihres Vortrags. Anspruchsvolle Cartoons für den Business-Kontext finden Sie z. B. bei www.dilbert.com (lizenzpflichtig).

- **Optische Täuschungen:** Damit wecken Sie die Aufmerksamkeit der Zuhörer: Überraschende Momente bleiben besonders  gut in Erinnerung. Auch hier ist erfolgskritisch, wie Sie einen Bezug zu Ihrem Thema herstellen – vor allem, wenn der Effekt den Zuhörern schon bekannt ist. Verwenden Sie daher Formulierungen wie „Natürlich wissen Sie, dass die

Linien alle parallel verlaufen – und gleichzeitig nimmt Ihr Auge etwas anderes wahr, lässt sich täuschen. Das ist genau wie bei …". Komplexe optische Täuschungen lassen sich besonders gut in PowerPoint-Präsentationen integrieren. Für das Flipchart eignen sich einfachere Täuschungen.

Beispiel

 Bereiten Sie ein Flipchart vor, auf dem in sehr großer Schrift raumfüllend der nebenstehende Halbsatz steht (niemals vor der Gruppe erstellen!) und bitten Sie einzelne Zuhörer, den Text vorzulesen. Noch nie habe ich es erlebt, dass unter

Der Spatz in der der Hand.

der ersten Handvoll Vorleser einer war, der sofort den Fehler bemerkt und wörtlich vorliest, was da steht. Das Gehirn erfasst den Text – sofern man die Redenwendung kennt – nicht wort- oder buchstabenweise, sondern gesamthaft. Der Effekt lässt sich nutzen, um die Zuhörer zu sensibilisieren in Richtung „Wir sehen das, was wir erwarten – genau hinsehen lohnt".

Die richtigen Tools und Medien einsetzen

Eng verbunden mit der Visualisierung ist die Entscheidung für das Medium. In den Kontexten Vortrag/Präsentation und Seminar/Unterricht sowie Besprechung werden hauptsächlich PC-gestützte Präsentationen mittels PowerPoint und Beamer, das Flipchart (ggf. die Pinnwand) sowie zunehmend Interaktive Whiteboards (IAW) verwendet.

Stärken und Schwächen der Medien		
Medium	**Beamer-Präsentation mit PowerPoint-Folien**	**Flipchart**
Raum/ Teilneh- mer	für großes Publikum und große Räume	Ideal bis 20 Teilnehmer; Ausnahme: als Ergän- zung zu PowerPoint
Wirkung auf die Teilneh- mer	+ professionell im Busi- nessumfeld – Zuhörer „konsumiert", Gefahr abzuschalten – gemeinsames Erarbei- ten von Themen schwierig, weil Tippen am PC den Kontakt er- schwert – Technik kann vom Redner ablenken	+ Interaktion und Do- kumentation von Er- gebnissen (Dokumente entstehen vor den Au- gen der Teilnehmer) + Kontakt zu den Teil- nehmern sehr hoch + Fragen und Bilder regen zum Arbeiten an (vorbereitete Flip- charts)
Weiter- verwen- dung	in elektronischer/ Print- form (z. B. Infografiken für Web verwenden, Handouts ausdrucken)	bei guter Aufbewahrung und Pflege; Dokumenta- tion meist nur durch Abfotografieren
Auf- merk- samkeit	Erzeugung von Aufmerk- samkeit durch Markie- rung mit Stift und Ein- binden von Medien (Fo- to, Grafik, Film)	Die Aktion sowie der Moderator/Vortragende stehen im Vordergrund; spontanes Dokumentie- ren; Änderungen jeder- zeit möglich

Das Medium auswählen

Wie planen Sie den Einsatz Ihrer Medien: Nach der Dramaturgie Ihres Vortrags? Oder nutzen Sie der Einfachheit halber das Medium, das in Ihrem Kontext üblich ist? „Bei Vorstandspräsentation muss ich PowerPoint verwenden, das wird erwartet", ist ein nicht selten gehörter Glaubenssatz. Manchmal mag es Sachzwänge geben – und manchmal lohnt es, mit solchen Traditionen zu brechen. Folgende Aspekte helfen Ihnen, das richtige Medium auszuwählen:

Checkliste: Welches Medium für welchen Zweck?

1 Welche Visualisierungen passen am besten zu den Inhalten und Zielen Ihrer Veranstaltung und erfordern daher den Einsatz der dazugehörigen Medien?

2 In welchem Rahmen findet die Veranstaltung statt und was erwartet die Zielgruppe?

3 Welche Medien sind vorhanden und über welche technischen Möglichkeiten verfügt der Präsentationsraum?

4 Wie viel Zeit haben Sie für die Vorbereitung und Erstellung der Visualisierungen zur Verfügung?

5 Gibt es ein Budget, um Visualisierungen ggf. professionell erstellen zu lassen?

6 Und zu guter Letzt: Mit welchen Medien arbeiten Sie am liebsten und strahlen dabei Souveränität und Ruhe aus?

Die Medien kombinieren

Präsentationen mit PowerPoint und Flipchart haben jeweils spezifische Stärken. Die Frage liegt nah, mit welchem Medium Sie Ihre Präsentation visualisieren. Die Lösung ist manchmal, sich die Frage anders zu stellen, nämlich: Wie kann ich beides kombinieren, um die Nachteile des einen mit den Vorteilen des anderen zu kombinieren? Im Folgenden finden Sie eine Entscheidungshilfe, für welche Inhalte und Abschnitte Ihres Vortrags Sie welches Tool sinnvoll einsetzen:

Inhalt/ Abschnitt	Medium*	Erläuterung
Begrüßung	FC	Hängt schon bei Eintreffen der Zuhörer sichtbar in Türnähe
Agenda	FC	Bleibt während des Vortrags sichtbar und gibt Orientierung
Erwartungen der Zuhörer, Themenspeicher	FC	Spontanes Dokumentieren
Sachinput	PPT	Professionell aufbereitete Folien, z. B. mit Fotos, Diagrammen und Grafiken
	FC	Spontan entwickelte Skizzen
Aktionspläne/ To-do-Listen erstellen	FC	Für alle sichtbar, schafft Verbindlichkeit und gibt Orientierung

*FC = Flipchart, PPT = Beamer-Präsentation mit PowerPoint-Folien

Auf einen Blick: Was gute Visualisierung auszeichnet

- Indem Sie in Vorträgen, Präsentationen und Workshops Informationen visualisieren, verstärken Sie Ihre Aussagen, setzen Schwerpunkte, fördern die Wissensaufnahme, steigern den Behaltenswert und sprechen Emotionen an.

- Für die Visualisierung gilt – wie für den Vortrag selbst: Berücksichtigen Sie schon bei der Vorbereitung Ihre Ziele sowie die Interessen und Erwartungen Ihrer Zielgruppe.

- Beachten Sie – je nach Ziele und Zielgruppe – die sieben Gestaltungregeln: Einfachheit, Angemessenheit, Gliederung/ Ordnung, Dynamik, Kürze/ Prägnanz, Einheitlichkeit sowie Verwendung von Farbe.

- Schöpfen Sie grundsätzlich aus der ganzen Palette an Visualisierungsmöglichkeiten, insbesondere sind dies: strukturierte Texte, Symbole, Diagramme, Grafiken, Fotos, ClipArts, eigene Zeichnungen. Wählen Sie je nach Zielen und Zielgruppe aus und kombinieren Sie die verschiedenen Möglichkeiten. Es gibt immer Alternativen zum reinen Text!

- PowerPoint oder Flipchart? Jedes Werkzeug hat seine spezifischen Vor- und Nachteile. In vielen Fällen ist die Kombination der beiden der beste Weg.

Wie visualisieren Sie mit PowerPoint?

Manche Kritiker sagen: PowerPoint schläfert ein. Weil wir nur konsumieren, wenn wir einen solchen Vortrag sehen. Dem beugt derjenige vor, der das Tool richtig anwendet und die Beamerpräsentation geschickt mit anderen Medien kombiniert.

In diesem Kapitel lesen Sie, wie Sie

- Ihren Vortrag mit der Foliengestaltung unterstützen, statt ihn zum Scheitern zu bringen (ab S. 47),
- die größten Fehler bei der Gestaltung von Textfolien vermeiden (ab S.48),
- Bilder und Grafiken so einsetzen, dass Sie und Ihr Publikum wirklich davon profitieren (ab S. 53),
- bei der Präsentation Ihrer Folien vorgehen (ab S. 59),
- Grafiken in Online-Anwendungen nutzen (ab S. 63) und inwiefern das Interaktive Whiteboard eine Alternative zu Beamer und PowerPoint darstellt (ab S. 66).

Das Tool richtig nutzen

Das hauptsächliche Einsatzgebiet von PowerPoint liegt bei der Erstellung von Präsentationsfolien, die ein Referent verbal erläutert. Vielleicht genau so häufig wird PowerPoint aber als grafisches Medium eingesetzt, um Dokumentationen zu erstellen, die nicht im persönlichen Kontakt vorgestellt werden, sondern selbsterklärend sein sollen – beispielsweise, um in Intra- oder Internet einem breiten Publikum zugänglich gemacht zu werden. Last not least können Sie PowerPoint nutzen, um Grafiken zu erstellen, die Sie isoliert als Grafikdatei speichern und in vielen Anwendungen weiterverwenden können. Je nach Einsatzgebiet unterscheiden sich die Anforderungen an die Folien.

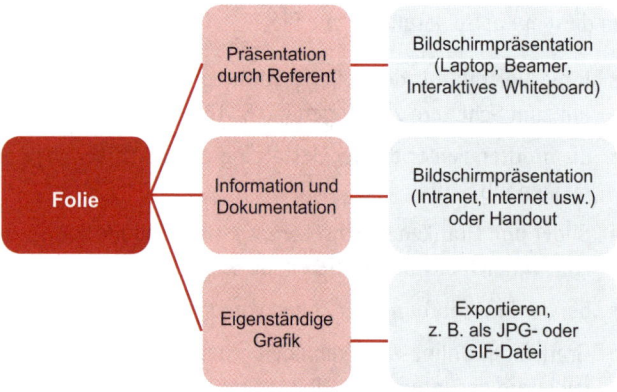

Die wichtigsten Einsatzfelder von PowerPoint

Gewinnen mit Folien? Oder verlieren ...

Über den Sinn und Unsinn des Einsatzes von PowerPoint wird in Literatur und Praxis heftig diskutiert. Kritiker stellen die Frage, ob die Reden Martin Luther King oder John F. Kennedy ebenso berühmt geworden wären, wenn sie sich dieser Hilfsmittel bedient hätten. Allerdings gilt bei aller Liebe zum fesselnden Vortrag: Es gibt einen Unterschied zwischen Rede und Präsentation – diese haben oft einen völlig unterschiedlichen Zweck. Bei Reden geht es häufig darum, Emotionen zu wecken. Das darf bei einer Präsentation auch sein – aber hier ist der Inhalt eher sachorientiert und faktengetrieben. Und damit wird Visualisierung unerlässlich! Allerdings: Sie werden niemals mit einer gelungenen Folie allein Begeisterung wecken. Umgekehrt können Sie jedoch mit schlecht gestalteten Folien die Gunst Ihrer Zuhörer verlieren – daher lohnt es sich in jedem Fall, sich etwas intensiver mit der Frage der Foliengestaltung zu beschäftigen.

Die größten Fehler

Im Wesentlichen lassen sich die Fallstricke auf zwei Punkte reduzieren: zu viel Text und buntes Durcheinander. Welche Gedanken können textüberladene, unübersichtliche oder kaum lesbare Folien und herumfliegende Animationen beim Zuhörer auslösen?

- Der Referent ist unsicher und will sich hinter seinen Folien verstecken. Wenn die Folien alles beinhalten, was zu sagen ist, kann sich er im Hintergrund halten. Die Folien lenken vom Referenten ab.

- Er beherrscht die Inhalte nicht und braucht ausführlichen Text zur eigenen Orientierung. Folien ersetzen ihm das Manuskript.

- Der Referent glaubt nicht, dass er den Zuhörern in seinem Vortrag alle wichtigen Informationen vermitteln kann. Die Folien sollen daher so selbsterklärend sein, dass der Teilnehmer die Inhalte nacharbeiten kann. Die Folien sind also eher ein detailliertes Handout.

- Der Referent hat seinen Spieltrieb ausgelebt oder will zeigen, welche Gimmicks er kennt. Die Folien dienen der Zurschaustellung seines Könnens.

Damit Ihnen das nicht passiert, lesen Sie im Folgenden einige Anregungen zur Gestaltung.

Textfolien optimal gestalten

Natürlich werden Sie mit Textfolien bei Ihren Zuhörern keine Begeisterungsstürme ernten. Aber manchmal ist es nicht wirtschaftlich, zu viel Zeit in das Zusammenbasteln von Bildelementen zu investieren und dann keine Zeit mehr für die Vorbereitung Ihres persönlichen Auftritts zu haben. Wenn Sie Textfolien einsetzen, dann beachten Sie folgende Faustregeln, in denen Sie die grundlegenden Gestaltungsprinzipien für Visualisierungen wiederfinden:

Faustregeln: Textfolien in PowerPoint

- Folien nicht überladen. Faustregel: 1 Thema pro Folie, max. sieben Aufzählungspunkte. Je weniger, desto besser.

- Stichworte verwenden. Zumindest keine langen Sätze, sondern die Aussagen auf drei Wörter oder Halbsätze verkürzen, keinesfalls länger als zwei Zeilen.

- Folien sind keine Handouts! Dafür erstellen Sie entweder zusätzliche, ausführlich beschriftete Folien, die Sie in der Präsentation ausblenden, oder Sie halten Erläuterungen als Notizen fest und drucken sie als Handouts.

- Linksbündiger Text ist besser lesbar als Blocksatz.

- Ansprechende, übersichtliche Formatierung. Thema, Gliederungspunkt und Seitenzahl auf jeder Folie.

- Einheitliche Schriftgröße, mindestens 18pt bei einer serifenlosen Schrift wie Arial, besser 22pt (im Folienmaster hinterlegen und nicht manuell verändern).

- Die Folie sollte nicht selbsterklärend sein – sonst besteht die Gefahr, dass Sie nur vorlesen oder das Publikum den Eindruck hat, Sie sind als Redner überflüssig.

- Vor allem: Keine Textfolienschlacht, sondern Unterbrechungen mit Medienwechsel (siehe S. 43) und Raum für persönliches Storytelling, Problem lösen, Verkaufen oder was immer Ihr Ziel ist.

- In den seltensten Fällen kommen Sie mit reinen Textfolien zu einem überzeugenden Vortrag. In der Regel gilt daher: Kombinieren Sie Text und Bild sinnvoll (siehe S. 53).

Komposition von Textfolien

Achten Sie auf ein stimmiges Gesamtbild Ihrer Folie. Dazu gehören die folgenden Faktoren.

Einheitlichkeit

- Durch wiederkehrende Elemente wie z. B. einzeilige, ansprechende Überschriften, gleiche Schriftgrößen und -arten, Farben, Formen etc. auf allen Folien, findet sich das Auge leichter zurecht – das gilt besonders bei größeren Dokumenten.

- Ordnen Sie Textfelder und Bilder so an, dass sie auf jeder Folie an der gleichen Stelle links oben beginnen. Dadurch verstärken Sie deren Zusammengehörigkeit.

Gliederung und Ordnung

- Symmetrie ist ein naheliegendes Formprinzip, bei Textfolien sollten Sie es aber nur im Ausnahmefall einsetzen. Mit einer linksbündigen Ausrichtung wirkt das Design aufgeräumter, weil Sie eine unsichtbare Verbindunglinie erzeugen, die die Einheit des Designs verstärkt (Beispiele auf der nächsten Seite).

- Gute, großflächige Raumnutzung. Keine unbestimmten, unzusammenhängenden Freiflächen. In den Abbildungen auf der nächsten Seite sehen Sie links gelungene Kompositionen. Sie nutzen die Folie gut aus und wirken kompakt. Auf der rechten Seite sehen Sie Gestaltungen, die unausgewogen wirken: Die Anordnung nutzt den Raum nicht sinnvoll aus.

linksbündig, Ausrichtung oben

zu sehr oben gedrängt

zentriert, kompaktes Bild

zu unterschiedliche Textlängen
zerreißen das Bild

zweispaltig, kompaktes Bild

Textfelder wirken verloren

Ausgewogene und unausgewogene Gestaltung

- Visuelle Verbindung schaffen: Damit Elemente, die zusammengehören, als Einheit wahrgenommen werden, sollten Sie gruppiert werden (z. B. wie in der Abbildung unten, Bild links). Willkürlich arrangierte Elemente nimmt das Auge hingegen als getrennte Bereiche wahr. Werden verwandte Elemente – wie im rechten Bild – separiert gruppiert, irritiert das den Betrachter. Das heißt nicht, solche Darstellungen wären nicht erlaubt. Voraussetzung für Ihre Verwendung ist, sie bewusst zu nutzen, um die Aufmerksamkeit zu steuern.

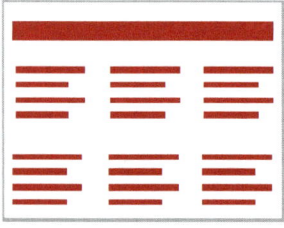

Objekte bilden eine Einheit

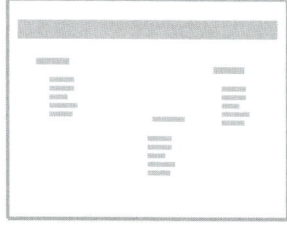

Unharmonische Anordnung

Zusammengehörend und separat gruppiert

Nutzen Sie für die Anordnung von Textfeldern und Objekten die Power-Point-Funktion „Ausrichten".

Hier ein konkretes Beispiel für eine Textvisualisierung mit Mängeln und eine ausgewogene Textfolie im Vergleich:

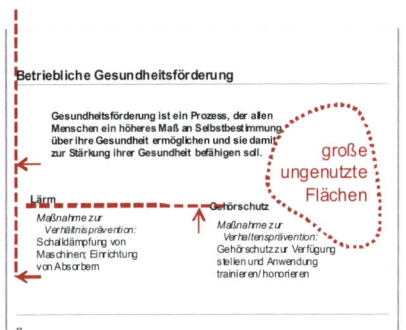

Textfelder nicht ausge-richtet
Raumaufteilung ergibt kein Gesamtbild
Schrift zu klein

Textfelder ausgerichtet
Raumaufteilung ergibt Gesamtbild
Schriftgröße angemessen

Textvisualisierung mit Mängeln/ausgewogene Textfolie

Bilder und Grafiken einsetzen

Komposition von grafischen Folien

Für die Komposition von grafischen Folien gelten ähnliche Regeln wie für Textfolien. Insbeondere die Anordnung stellt hier eine Herausforderung dar.

Grafik und Text bilden eine
kompakte Einheit

Raum nicht genutzt, Grafik und
Text ergeben kein Gesamtbild

Kompaktes Bild, Symmetrie, gute
Raumnutzung

Ordnung fehlt, Felder nicht bündig
ausgerichtet

Grafik und Text bilden eine
kompakte Einheit

Ordnung fehlt, Textfelder wirken
verloren

Komposition von grafischen Folien

Hier ein konkretes Beispiel für die Gestaltung von grafischen
Folien (weitere Beispiele finden Sie im Farbteil ab S. 113):

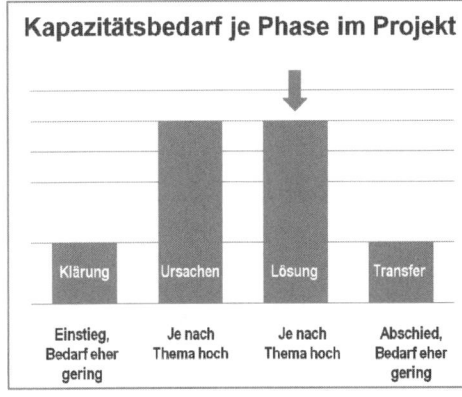

Wirkt etwas verloren. Die Darstellung in Balken ist nicht optimal, da es inhaltlich nicht um absolute Werte, sondern um Tendenzen geht.

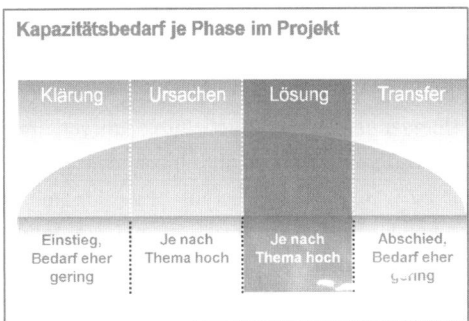

Anordnung spiegelt den Projektprozess wieder. Einfach, klar, übersichtlich.

Vergleich: grafische Folie mit Mängeln/optimierte Folie

Diagramme in PowerPoint

2D oder 3D – der Einsatz hängt davon ab, was Ihr Ziel ist. 3D-Säulen mit besonderen Füllungen sehen spektakulär aus. Im günstigen Fall wird man Ihre PowerPoint-Kenntnisse bewundern. Im ungünstigen Fall verärgern Sie Ihre Zuhörer:

die unruhige Oberfläche lenkt vom Inhalt ab und der 3D-Effekt erschwert Verständnis und Interpretation der Daten. Auf der 3D-Grafik (links) ist die Aussage unklar: Ist 2011 der Wert A oder C höher?

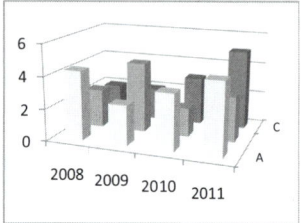 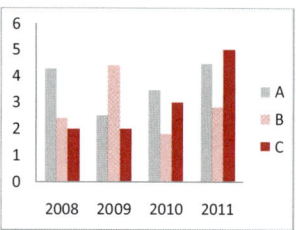

3D- und 2D-Grafik im Vergleich

Je einfacher ein Diagramm, desto leichter ist es zu interpretieren. Und das ist ganz im Sinne eines überzeugenden Vortrags – denn Überzeugen heißt, dass Ihre Zuhörer Ihre Schlussfolgerungen auch verstehen und nicht das Gefühl haben, getäuscht zu werden. Diese Gefahr besteht nämlich bei den Verzerrungen, die 3D-Grafiken ausmachen, ganz besonders. Erheblich neutraler ist immer eine 2D-Darstellung, die einen direkten Vergleich zwischen den Säulen erleichtert. Wenn Sie dann noch sparsam mit Farben umgehen, statt für jeden Balken eine eigene Farbe zu verwenden, können Sie die Aufmerksamkeit Ihrer Zuhörer auf die wichtigen Elemente des Diagramms lenken.

Die Botschaft mit Fotos verstärken

- Fotos können Ihre Folie aufwerten, wenn sie gut sind und richtig eingesetzt werden. Der Gesamteindruck kann – im

Vergleich zu einer Grafik aus ClipArts und Piktogrammen – hochwertiger und professioneller sein. Voraussetzung: Die Fotos harmonieren in Machart und Farbgebung.

- Grafische Objekte oder Diagramme werden zum Hingucker, wenn Sie passende Fotos als Füllung der Säulen oder als Hintergrundbild für das gesamte Diagramm einsetzen (siehe Abbildungen im Farbteil, S. 115 f.). Achten Sie auch hier auf Farbgebung und sparsamen Gebrauch der Fotos – der Effekt verliert an Wirkung, wenn er inflationär eingesetzt wird.

- Nutzen Sie Fotos, um Spannung aufzubauen und Wirkung zu erzeugen. Diese ist umso stärker, je weniger Fotos Sie auf eine Folie bringen. Wählen Sie besser ein einzelnes wirksames Foto aus, als eine Collage aus drei bis vier weniger ausdrucksvollen zusammenzustellen. Verzichten Sie ggf. darauf, Ihr Logo auf jeder Folie abzubilden - je größer und raumfüllender Sie das Foto darstellen, desto stärker ist die Botschaft. Ein Beispiel dafür, wie Sie über die raumfüllende Nutzung des Fotos die Wirkung steigern können, finden Sie im Farbteil, ab S. 116.

Infografiken mit PowerPoint erstellen

Ziel der Infografik ist die Information durch das Bild – meist geht es um die Visualisierung komplizierter Sachverhalte, Zusammenhänge und Hintergründe. Infografiken stammen aus der Publizistik, werden aber auch in Unternehmenskommunikation und Werbung eingesetzt. Mit Infografiken verbindet der Leser Seriosität, Autorität und Wissenschaftlichkeit. Anders als bei der live präsentierten PowerPoint-Folie kommt die Erklärung hier nicht durch den Redner, sondern allein aus der Grafik. Infografiken fordern deshalb vom Leser in der Regel eine längere Auseinandersetzung mit dem Inhalt. Aus der geschickten Komposition von Text und Bild entsteht die Grafik: In aller Regel ist das Thema bildlich umgesetzt, sei es als Hintergrundbild oder als integriertes Objekt.

Beispiel

 Sie haben eine Studie zur Entwicklung des Konsumverhaltens in Deutschland erstellt. Dazu haben Sie einmal pro Quartal eine repräsentative Anzahl von Bundesbürgern befragt, wie diese die Konjunkturentwicklung einschätzen, wie ihre persönliche Einkommenserwartung aussieht und wie hoch ihre Konsum- und Anschaf

fungsneigung ist. Aus den Antworten haben Sie Indizes gebildet, die Sie als Infografik in verschiedenen Medien prägnant darstellen wollen. Statt eines einfachen Liniendiagramms wählen Sie einen Einkaufswagen als Hintergrund. Ihr Ziel ist, die Aufmerksamkeit der Betrachter anzuziehen und bereits vor dem Erfassen der Schrift zu signalisieren, worum es hier geht: Konsumverhalten.

Weitere Beispiele für Infografiken mit Hintergrundbildern oder Bildern als Träger der Information finden Sie im Farbteil auf S. 117.

Folien richtig präsentieren

Die beste Folie bringt Sie nicht weiter, wenn sie nicht richtig präsentiert wird. Worauf kommt es hier an?

Die richtige Menge Folien

Zur Menge der Folien lassen sich kaum allgemeingültige Aussagen treffen. Es kommt es drauf an:

- Wie lange der Vortrag insgesamt dauert: Ein Drei-Minuten-Vortrag kann zwar drei bis fünf (sparsam gefüllte) Folien vertragen, aber bei einem 10-Minuten-Vortrag werden 10 Folien kritisch, 60 Folien in einer Stunde sind der GAU.

- Was und wie viel auf den Folien steht: Handelt es sich um Fotos, kurze Texte (z. B. Zitate, Schlagwörter) oder einfache Grafiken, verträgt der Zuhörer deutlich mehr Folien als bei informationsgeladenen Folien, seien es lange Texte oder umfassende Infografiken.

- Wie Sie als Referent auftreten: Eine Vielzahl von Folien kann extrem dynamisch – oder einschläfernd wirken.

Abwechslung hilft hier: Kombinieren Sie eine Tempo-Sequenz mit vielen Folien im Wechsel mit Abschnitten, in denen Sie wenig Folien, aber viel von sich zeigen. Und im Zweifel gilt (auch hier): Weniger ist mehr.

Die Black-Taste nutzen

Mit der B-Taste (für „black") schalten Sie im Präsentations-
modus den Bildschirm schwarz – nutzen Sie diese Funktion
insbesondere, um Überleitungen aufzubauen oder Fragen zu
beantworten, die nichts mit dem Inhalt dieser Folie zu tun
haben. Zurück zur Folie kommen Sie mit der gleichen Taste.
Das Ganze funktioniert ebenfalls mit der S-Taste (für
„schwarz"). In abgedunkelten Räumen nutzen Sie ggf. die W-
Taste (für „weiß") – der Bildschirm bleibt dann hell.

Die Tonspur richtig einsetzen

Was sicher jeder schon erlebt hat – und vielleicht haben Sie
sich selbst auch schon dabei ertappt: Vorträge, bei denen
Folien nahezu wörtlich vorgelesen werden und Zuhörer, die
sich durch den Referenten beim Lesen gestört fühlen. Wie
können Sie das vermeiden? Zum Beispiel, indem Sie

- auf Textfolien verzichten bzw. sich so stichwortartig
  knapp fassen, dass nicht ihr gesamter Vortrag auf der Folie
  steht;

- souverän mit Ihren Folien spielen, z. B.: Die Folie ankündi-
  gen, dann einblenden, einen Punkt herausgreifen, diesen
  mit Beispielen oder Anekdoten unterlegen und für die anderen Punkte zum Nachlesen auf das Handout verweisen;

- die Textfolie einblenden, die Zuhörer auffordern, den Text
  zu lesen, und um Fragen oder Kommentare bitten.

In einer guten Präsentation erschließt sich der Inhalt der
Folie erst durch Ihre Erläuterungen. Zu welchem Zeitpunkt

beginnen Sie zu sprechen? Ob im Hintergrund eine Begrüßungsfolie eingeblendet ist oder die Präsentation mit der „B"-Taste auf schwarz geschaltet ist – Ihre Präsentation beginnen Sie erst, wenn Sie an der richtigen Position im Raum sind und 21-22-23 gezählt haben. Die dramaturgische Pause ist wichtig, um die Aufmerksamkeit zu fokussieren und Wirkung zu erreichen. Die jeweils nächste Folie führen Sie verbal ein, solange sie nicht eingeblendet ist. Nutzen Sie rhetorische Fragen oder kündigen Sie spannende Informationen an. Jetzt haben Sie die Aufmerksamkeit der Zuhörer. Dann blenden Sie die Folie ein. Sobald sie sichtbar ist, richtet sich die Aufmerksamkeit auf den neuen Impuls. Geben Sie Ihrem Publikum ggf. kurz Zeit, um den Inhalt zu erfassen. Führen Sie die Zuhörer dann mit Ihrer Sprache und Körpersprache durch die Folie (gehen Sie zur Leinwand, deuten Sie auf einzelne Objekte etc.).

Animationen und Effekte gezielt nutzen

Nutzen Sie Animationen ausschließlich da, wo sie die Dramaturgie Ihres Vortrags unterstützen, z. B. um komplexe Abläufe oder Strukturen Schritt für Schritt aufzubauen. Wenn Animationen reine Unterhaltung sind, wird sich das Publikum vielleicht eher über Ihr kindliches Gemüt amüsieren als über wirbelnd einfliegende Objekte. Und nutzen Sie Animationen nie, wo Sie selbst durch Bewegung und Gestik Akzente setzen können. Eine Präsentation, die wie ein Trickfilm durchläuft, ist gut fürs Internet – aber nicht für Ihre Wirkung vor dem Publikum.

Ab der PowerPoint Version 2007 haben Sie erweiterte Funktionalitäten im Bildschirmpräsentation-Modus. Über die Maus können Sie live Markierungen in den Varianten Kugelschreiber, Filzstift und Textmarker anbringen, z. B. um Grafiken zu ergänzen und besondere Punkte zu betonen. Diese Funktionalität ist eingeschränkt zu empfehlen: Zum einen brauchen Sie eine sehr ruhige Hand bzw. sichere Mausführung, um die Markierungen ohne Verwackeln anzubringen, zum anderen ist Ihre Aufmerksamkeit dabei auf die Technik (Maus, Bildschirm) gerichtet – mit der Gefahr, bei zu häufigem Einsatz den Kontakt zum Publikum zu verlieren. Die Möglichkeiten am Interaktiven Whiteboard (siehe S. 66) sind hier ausgereifter.

Die richtige Position planen

Planen Sie für jede Folie auch die Position, von der aus Sie sprechen. Gerade für Präsentationsanfänger ist das entscheidend – denn es gibt mehr falsche Positionen in einem Vortragsraum als gute. Falsch ist es, während des gesamten Vortrags wie festgewurzelt an einer festen Position stehen (sofern es keine Mini-Sequenz ist), planlos Hin- und Herzulaufen wie ein Tiger im Käfig und den Blick konsequent zur Leinwand zu richten. Es richtig zu machen, ist relativ einfach, denn es gibt nur zwei gute Positionen im Raum:

- Direkt neben dem Medium und zwar auf einer Linie, so dass Sie mit der Hand auf einzelne Punkte deuten können, ohne länger als eine Sekunde den Blickkontakt zum Publikum zu verlieren.

- So nah wie möglich bei den Zuhörern, wenn Sie überleiten, Fragen stellen und beantworten, kurz: immer wenn Sie den Inhalt der Folie verlassen und Kontakt zum Publikum aufnehmen.

Ungünstig für Ihre Wirkung sind Positionen, die einen guten Blick auf die Leinwand bieten, ohne dem Publikum die Sicht zu verdecken – an dieser Stelle machen sich ungeübte Redner nicht nur unsichtbar, sondern fast überflüssig. Ausnahme: Diese Position wird häufig für Stehpulte gewählt. Achten Sie in diesem Fall unbedingt auf die Blickrichtung zum Publikum.

Grafiken in Online-Anwendungen weiter nutzen

Grafiken, die Sie mit PowerPoint erstellt haben, können Sie auch in anderen Programmen weiter nutzen. PowerPoint-Objekte oder ganze Folien als Grafik gespeichert, lassen sich gut in Word-Dokumente oder andere Textdateien einbinden oder auf Ihrer Website veröffentlichen. Das Versenden und Nutzbarmachen von PowerPoint-Folien oder Grafiken über Smartphones stellt darüber hinaus besondere Anforderungen an die Visualisierung. Für eine optimale Wirkung der Grafik ist es wichtig, sich mit den Vor- und Nachteilen der verfügbaren Grafikdateiformate auseinanderzusetzen.

Objekte einer Folie als Grafik speichern

Sie können einzelne Grafiken speichern, indem Sie sie markieren und im Kontextmenü wählen: „Als Grafik speichern".

Es stehen die Formate gif, jpg, png, tiff, bmp, wmf und emf zur Verfügung. Bilddateien lassen sich grob in zwei Kategorien einteilen: in Vektorgrafiken und Raster- bzw. Bitmap-Grafiken. Vektorgrafiken bauen auf Linien, Kurven und geometrische Grundformen auf, Raster- bzw. Bitmap-Grafiken auf Bildpunkten, den sog. Pixeln. Vektorgrafiken eignen sich für komplexe Grafiken, da scharfe Kanten auch nach beliebiger Vergrößerung scharf bleiben. Funktionen wie „Gruppierung aufheben" sind möglich. Für fotorealistische Bilder sind Vektorgrafiken nicht geeignet, aber für die Weiterverwendung von in PowerPoint erstellten Grafiken sind sie das am besten geeignete Format.

Die einzelnen Dateitypen haben verschiedene Eigenschaften und Vorteile, die in der folgenden Übersicht dargestellt sind (Rastergrafik = RG, Vektorgrafik = VG).

Datei-format*	Grafiktyp	Ideal für
Bitmap (bmp)	RG (geräte-unab-hängig)	Bilder/Fotos. Das Format ist unkomprimiert, sodass große Bilder auch große Dateien erzeugen, daher nicht für Webseiten geeignet.
tiff	RG	Vielseitig, besonders im professionellen Bereich (Druckereien) verbreitet. Wie bmp unkomprimiert, hier aber Komprimierung möglich.
Windows-Metadatei (wmf)	VG Bitmap möglich	Tabellen, Diagramme, Linien jeder Art.

Datei-format*	Grafiktyp	Ideal für
Erweiterte Windows Metadatei (emf)	VG, Bit-map möglich	Verbesserte Funktionalität ggü. wmf, insb. beim Vergrößern.
png	RG	Im Web verbreitet. Geeignet für Bilder/Fotos.
gif	RG	Im Web verbreitet, geeignet für Bilder mit wenig Farben, begrenzte Transparenz. Unterstützt einfache Animationen. Kurven werden pixelig dargestellt.
jpg	RG	Fotoähnliche Bilder mit weichen Farb-übergängen. JPEG ist nicht geeignet für Text und einfache Grafiken, die wenige Farben, große, einfarbige Bereiche oder starke Helligkeitsunterschiede aufweisen.

Mit „Datei – Speichern unter" können Sie auch ganze Folien als Grafik speichern. Zusätzlich zu den oben genannten Bild-dateiformaten geht dies als pdf – hochauflösend und für Drucke geeignet.

Anforderungen für die Nutzung mit Smartphone

Aktuell stellt sich die Frage, inwieweit das iPad als großer Bruder des iPhones den Markt revolutionieren wird. Derzeit sind die kleinen Smartphones weit verbreitet. Sie unterscheiden sich von einfachen Handys in der Regel durch ein eigenes Betriebssystem und eine besondere Texteingabe-Möglichkeit (Touchscreen oder QWERT-Tastatur). Dadurch werden sie intensiv für Internet und E-Mail-Verkehr genutzt.

Marktforscher rechnen damit, dass bald mehr Menschen mit mobilen Geräten als mit normalen Computern ins Internet gehen. Was müssen Sie beachten, wenn Sie PowerPoint-Folien oder Grafiken per E-Mail versenden und damit rechnen, dass der Empfänger sie auf einem Smartphone empfängt und dort die Anlagen öffnet? Um Ihre Grafik auf dem Mini-Display als Vollbild erfassen zu können, verändern sich die Anforderungen an die Gestaltung Ihrer Folien und Grafiken:

- Es wird noch wichtiger, das Prinzip der Einfachheit einzuhalten.
- Schriftgrößen unter 24 pt sind nicht empfehlenswert.

Das interaktive Whiteboard – Alternative zu PowerPoint?

Ein interaktives Whiteboard (IAW) – oder eine digitale Tafel, wie sie auch genannt wird – ist eine elektronische Projektionswand bzw. eine Weißwandtafel, die in Verbindung mit Laptop und Beamer oder Rückwandprojektion funktioniert. Diese digitalen Tafeln halten immer mehr Einzug in Schulen und Besprechungsräume. Es gibt unterschiedliche Systeme, z. B. solche, die nur mit Stift zu bedienen sind (Übertragung per Funkwellen), oder Finger-und-Stift-System, die z. B. über ein Luftpolstersystem per Berührung übertragen.

Es bestehen nur wenige Unterschiede zu Flipchart und PowerPoint, was die Möglichkeiten und die Anforderungen an die Visualisierung angeht. Viele Funktionalitäten, die Sie von

PowerPoint kennen, bietet Ihnen auch die IAW-Software – mit einem Unterschied: Was Sie in PowerPoint mit der Maus am Bildschirm tun, tun Sie am IAW mit dem Finger und dem elektronischem Stift auf der Projektionsfläche. So kann der Zuhörer Ihren Ergänzungen wesentlich leichter folgen.

Im Gegensatz zu PowerPoint als „der" Präsentationssoftware hat sich bei den IAW (bisher) weder bzgl. System noch Software ein Standard herausgebildet. Je nach Software variiert die Oberfläche, ist die Funktionalität unterschiedlich ausgereift und damit sind Allgemeinaussagen über die Einsatzmöglichkeiten, Chancen und Grenzen für Visualisierungen nur eingeschränkt möglich.

Vorteile

Im Prinzip verbindet das IAW viele Vorteile von reiner PowerPoint-Präsentation und Visualisierungen am Flipchart:

- Sie können jederzeit in ihre Präsentation eingreifen, durch handschriftliche Bemerkungen und Markierungen ergänzen und Ihren Vortrag damit interaktiver gestalten.

- Sie können das IAW wie ein Flipchart für Live-Visualisierung, Zurufabfrage, Brainstorming etc. einsetzen und von den Möglichkeiten profitieren: Am IAW können Sie entstehendes Chaos besser als beim Flipchart in den Griff bekommen, da die Notizen als einzelne Objekte behandelt werden, die auf der Boardoberfläche frei beweglich und auch vergrößer-/verkleinerbar sind. Gruppierungen können somit auf einfache Art und Weise vorgenommen werden.

- Die digitalen Tafelbilder können bei Bedarf in verschiedenen Dateiformaten (z. B. pdf, ppt, emf) abgespeichert werden, wodurch sie jederzeit wieder aufrufbar und auch weiter bearbeitbar sind.

Nachteile

- Handgeschriebene Worte wirken auch mit etwas Übung manchmal verwackelter als mit echten Markern auf Flipchart geschrieben. Die meisten Programme bieten zwar Handschrifterkennung, diese funktioniert in der Praxis aber noch nicht immer zufriedenstellend (z. B. muss jedes Objekt einzelnen umgewandelt werden, die Umsetzung einer ganzen Seite mit einem Klick ist nicht möglich).

- Sie sollten – soweit Sie das IAW über die reine Präsentation hinaus nutzen – mit dem Medium gut vertraut sein. Die Funktionalitäten sind für alle Teilnehmer sichtbar, und unbeholfenes Suchen oder verklicken ist für alle zu erkennen. Der professionelle Eindruck, den Sie hinterlassen möchten, kann sich so schnell in Luft auflösen.

- Je nach Hersteller und Lösung müssen Sie mit Schattenwürfen durch Ihren Körper rechnen. Dieser Störeffekt lässt sich z. B. durch Whiteboards mit Rückwandprojektion vermeiden. Je nach Software sind die Funktionsbuttons z.T. auf alle vier Ränder verteilt – bei einer knapp zwei Meter breiten Tafel kann es da notwendig sein, weite Wege zurückzulegen.

- Die Formate variieren je nach Anbieter und sind selten größer als 125 x 196 cm. Für die Bewegung des Referenten ist dies relativ viel, aber für eine größere Gruppe nur mit einer zweiten, großen Beamerprojektion des Tafelbildes oberhalb des IAW geeignet.

So visualisieren Sie

PowerPoint-Präsentationen ergänzen

Die Hauptvorteile in der Präsentation sind, dass Sie vorbereitete Folien ergänzen können, z. B. Zahlen und Beschriftungen einfügen, kritische Werte mit Blitzen versehen, erledigte Punkte abhaken und einiges mehr. Das Einfügen leerer Folien für das spontane Visualisieren ist ebenfalls sinnvoll – insbesondere, wenn kein Flipchart zur Verfügung steht. Diese Visualisierung wird als Objekt auf der Folie gespeichert und kann mit PowerPoint weiterbearbeitet werden.

Moderieren am IAW

Für die Moderation bietet das IAW mehr Möglichkeiten als für die Präsentation. Wie am Flipchart können Sie einzelne Seiten (z. B. Vorteile/Nachteile, SWOT-Tabellen, Maßnahmenpläne) als Standardmuster vorbereiten, einfach aufrufen und die Inhalte mit der Gruppe erarbeiten. Im Gegensatz zum Flipchart sind alle Vorlagen wiederverwertbar. Wichtig zu wissen: Vermutlich weil die IAW aus dem Bildungsbereich kommen, sind sie stark leiterzentriert konzipiert. Das heißt, es kann meistens nur eine Person an der Wand arbeiten. In der Moderation nicht unübliche Vorgehensweisen wie ein gemeinsames Sortieren durch die Gruppe nach einem Brainstorming sind hier nicht möglich. Die größte Herausforderung scheint aber – neben dem Beherrschen der Technik – zu sein, dass die technischen Möglichkeiten Sie stark an das Medium binden. Den (Blick-)Kontakt zur Gruppe zu halten, ist dadurch schwieriger als beim Flipchart.

Auf einen Blick: Mit PowerPoint visualisieren

- Achten Sie stets auf die grundlegenden Gestaltungsprinzipien für Folien. Grundregel: Weniger ist mehr – egal ob es um die Menge der Texte oder um grafische Mittel wie Farbe geht.

- Die Komposition der Folien und die Anordnung von Texten und Bildern hat direkte Auswirkung auf das Publikum: Sie können langweilen, verwirren oder fesseln. Sie selbst haben es sowohl bei der Erstellung des Vortrags also auch bei der Präsentation in der Hand.

- Ob Diagramm, Foto oder ClipArt-Grafik – keine Visualisierung in PowerPoint sollte beliebig sein oder bloße Dekoration. Sie soll Sie dabei unterstützen, Ihre Ziele zu erreichen.

- Auch die Art, wie Sie präsentieren, kann Visualisierungen zur Geltung bringen, Spannung und Wirkung erzeugen und verstärken. Hier gilt stets: Sie als Person müssen für Ihr Publikum im Mittelpunkt stehen, nie Ihre Folien.

Wie visualisieren Sie am Flipchart?

In Zeiten von Multimedia-Präsentationen mögen Flipcharts auf manche etwas altmodisch wirken. Doch das Flipchart stellt als Visualisierungsmedium eine hervorragende Ergänzung zur PowerPoint-Präsentation dar.

Im Folgenden lesen Sie,

- was die Vorteile des Flipcharts sind (ab S. 72),
- wie Sie mit einer persönlichen Handschrift, Layout, geeigneten Textelementen sowie Farbe und Schatten Wirkung erzielen (ab S. 74),
- welche Vorteile es bietet, wenn Sie live vor Ihrem Publikum visualisieren (ab S. 91),
- wie Sie das Flipchart in Workshops und Besprechungen sinnvoll einsetzen (ab S. 95).

Als „Flipcharts" oder „Charts" bezeichne ich im Folgenden die Papierbögen. Die meist fahrbaren Tafeln, an denen die Papierbögen befestigt werden, nenne ich Flipchartständer.

Das Medium richtig einsetzen

Für das Flipchart gibt es eine Fülle von Einsatzmöglichkeiten:

- Es ist für Veranstaltungen mit bis ca. 20 Teilnehmern geeignet. Großflächige Skizzen sind auch vor größeren Zuhörerzahlen denkbar.

- Die Informationen auf dem Flipchart haben eine große plakative Wirkung, sie können für alle gut sichtbar positioniert werden und auf diese Weise Kontakt zum Zuhörer herstellen.

- Es lassen sich besonders gut Agenden, Kernaussagen, wichtige Übersichten, die Entwicklung von Abläufen und Strukturen visualisieren sowie spontan Teilnehmerbeiträge und -fragen mitschreiben. Dabei können Sie ein Flipchart auch mit Klebezetteln (Haftnotizen 15,3 x 10,2 cm) wie eine Pinnwand nutzen.

- Die Informationen sind durch Vor- und Zurückblättern sofort wieder zugänglich. Charts mit wichtigen Darstellungen lassen sich an die Wand oder Pinnwand hängen, wodurch sie während der gesamten Dauer der Veranstaltung sichtbar sind. So können die Zuhörer die (gemeinsame) Entwicklung von Inhalten nachvollziehen.

Mit anderen Medien kombinieren

Wenn Sie Vorträge und Präsentationen von Top-Rednern erleben, werden Sie häufig das Flipchart zumindest als ergänzendes Medium antreffen. Gerade in Kombination mit PowerPoint bietet dies viele Vorteile, z. B.:

- Das Flipchart bietet die Möglichkeit, die Teilnehmer vor Beginn auf eine persönliche Art (Handschrift, individueller Charakter eines selbst erstellten Bildes) zu begrüßen, z. B. indem ein entsprechendes Flipchart am Eingang platziert wird.

- Die Agenda kann über die gesamte Präsentation sichtbar gehalten werden.

- Mit Hilfe von Live-Visualisierungen lassen sich in die Präsentation spannende, abwechslungsreiche Momente einbauen. Selbst in großen Konferenzräumen sind Skizzen bei entsprechender Vereinfachung, Größe und Stiftbreite gut einsetzbar (mehr zur Live-Visualisierung, siehe S. 91).

In Workshops und Besprechungen

In der Moderation bietet das Flipchart deutliche Vorteile. Zwar gibt es heute viele Programme, mit denen z. B. Mindmaps komfortabel am PC gestaltet und via Beamer der ganzen Gruppe zugänglich gemacht werden können. Moderatoren oder Führungskräfte unterschätzen dabei manchmal,

- wie schwer es für den Moderator ist, den Kontakt zur Gruppe zu halten, wenn er sich der Technik zuwendet, und

- wie unübersichtlich es für die Gruppe ist, wenn z. B. der Moderator den Bildausschnitt scrollt bzw. zoomt oder das Mindmap-Programm automatisch Äste umhängt, um sie gleichmäßiger auszurichten.

Gruppendynamisch entwickelt sich diese Art der Moderation oft zum GAU. In der Moderation ist das Flipchart deshalb unschlagbar: Die Aufzeichnungen entstehen stets langsam und nachvollziehbar vor den Augen der Teilnehmer – der Moderator fungiert quasi als deren verlängerter Arm. So fühlen sich alle gut eingebunden, sind besser bei der Sache, das eigene Denken wird angeregt, die Kreativität steigt. Deshalb unterstützt das Flipchart optimal das Ziel vieler Workshops oder Besprechungen: gemeinsam Maßnahmen zu erarbeiten oder Entscheidungen zu treffen.

Mit Handschrift Wirkung erzielen

Das A und O einer gelungene Visualisierung am Flipchart ist die Handschrift. Die Art, wie Sie das Flipchart beschriften, erzeugt immer Wirkung, ob Sie wollen oder nicht. Schnörkelreich gemalte Buchstaben können die Geduld Ihrer Zuhörer strapazieren. Unleserliche Hieroglyphen wird man der Koryphäe verzeihen, vielleicht sogar bewundern – beim Normalredner wird das Publikum weniger begeistert sein, wenn die Worte kaum zu entziffern sind. Unleserliche Schrift kann Widerstand erzeugen. Ihre Schrift löst beim Zuhörer bestimmte Assoziationen und Gefühle aus. Dieser Vorgang geschieht unbewusst, beeinflusst jedoch in hohem Maße die Reaktion auf das Wahrgenommene. Diese Assoziationen sind die Ursache dafür, dass eine Schrift als altmodisch, elegant, sachlich, witzig usw. bezeichnet wird und der Betrachter Rückschlüsse auf Sie als Redner zieht.

Das heißt: Es ist wichtig, sich Schritt für Schritt mit der Visualisierung am Flipchart zu beschäftigen. Jeder kann lesbare

Flipcharts gestalten. Die wichtigsten Punkte sind ein guter, saftiger Stift (siehe dazu S. 83), dessen richtige Handhabung und die passende Schriftgröße. Mehr ist es nicht – aber auch nicht weniger.

Den Stift richtig handhaben

Nutzen Sie für den Einsatz am Flipchart nur Marker mit abgeschrägter Spitze. Diese haben zwei Kanten zum Schreiben. Mit der längeren Kante wird die Schrift breiter, mit der kürzeren schmaler. Es gibt je nach Hersteller Stifte mit härterer oder weicherer Spitze, ohne dass dies besonders gekennzeichnet ist. Mit weicher und saftiger Spitze schreiben Sie leichter und Ihre Schrift wirkt gefälliger. Und so gehen Sie beim Schreiben vor:

- Setzen Sie den Stift mit einer breiten Filzkante auf das Papier und schreiben Sie. Drehen Sie den Stift dabei nicht in der Hand! Aus dieser Technik ergeben sich professionell wirkende Dick-Dünn-Schriften.

- Die Vorstellung, alle Strichstärken gleich zu machen, führt zu einem dauernden Drehen und Neuansetzen. Diese Verrenkungen mit den Fingern strengen nicht nur an, sondern zeigen sich auch in der Schrift. Ändern Sie daher die Stifthaltung während des Schreibens nicht mehr.

- Schreiben Sie nicht aus dem Handgelenk oder den Fingern, sondern bewegen Sie beim Schreiben Hand und Arm mit.

Achten Sie darauf, dass der Handballen nicht zu fest aufs Papier drückt. Richtig ist es, wenn das Schreiben leicht geht und trotzdem gut leserlich ist!

Die richtige Schriftgröße

Zu kleine Schrift kann kleinkariert, ängstlich oder unsicher wirken, zu große Schrift hingegen großspurig, angeberisch, übertrieben. Wie sieht die richtige Größe aus?

Die meisten Flipchartbögen sind heutzutage kariert und diese Karos bieten Ihnen gute Orientierung in einem normalen Besprechungs- oder Seminarraum: Die Schriftgröße ist gut, wenn die kleinen Buchstaben die Höhe des Kästchens genau ausfüllen, also rund 2,5 cm hoch sind. Für besonders große Veranstaltungsräume vergrößern Sie die Schrift entsprechend auf zwei (5 cm) oder drei Kästchen (7,5 cm).

> Die Schriftgröße sollte so gewählt werden, dass sie auch von der hintersten Sitzposition aus gelesen werden kann. Informieren Sie sich unbedingt vorab über die Größe des Raums und die Entfernung von Rednerpult/ Bühne bis zur letzten Reihe.

Was die Lesbarkeit noch fördert

Ihre Schrift wirkt angenehm, wenn Ober- und Unterlängen kein ganzes Kästchen ausfüllen, sondern stark verkürzt sind auf ca. ein Viertel oder Drittel eines Kästchens:

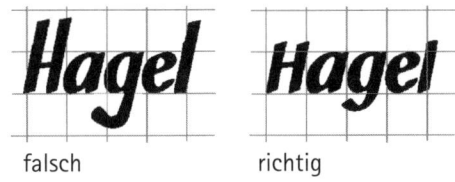

falsch   richtig

Eine kompakte Schrift mit eher engem Buchstabenabstand, aber gutem Wortabstand ist besser lesbar als weit auseinandergezogene Buchstaben mit geringem Wortabstand. Eine Kästchenbreite pro Buchstabe gilt nur für breitere Buchstaben, keinesfalls aber für schmale Buchstaben wie i, l oder t.

So schön es vielleicht für Ästheten aussehen mag: Ein Chart ausschließlich in Großbuchstaben ist nicht lesefreundlich. Groß- und Kleinbuchstaben strukturieren das Schriftbild, Die Wortbilder werden durch variierende Ober- und Unterlängen unterschiedlicher und für das Auge leichter unterscheidbar. Nutzen Sie Großbuchstaben allenfalls, um einzelne Worte besonders hervorzuheben, oder bei der Live-Visualisierung, wenn Sie nur plakativ zwei bis drei Worte notieren.

Die Buchstaben leicht schreibschriftähnlich zu verbinden ist erlaubt, vermeiden Sie aber eine richtige Schreibschrift oder zu schnörkelreiche Buchstaben.

Texte und Bilder anordnen und hervorheben

Nun wissen Sie, wie Sie auf dem Flipchart am besten schreiben – aber wie ordnen Sie Ihre Textelemente am besten an? Das Ziel ist hier, den Texten möglichst viel Struktur zu geben und damit dem Zuhörer eine gute Orientierung. Die Mittel dazu unterscheiden sich zum Teil von denen, die in Power-Point zielführend sind.

Ins Layout bringen

- **Blattaufteilung:** Zunächst gilt es, das Blatt sinnvoll zu nutzen: Hierzu empfiehlt sich zur eigenen Orientierung eine gedankliche Zwei- bzw. Dreiteilung des Blattes. Ein Rahmen entlang des Außenrands des Blattes kann den Elementen, wenn es nur wenige sind, zusätzlichen Halt geben (siehe S. 80, Layout 2 und 3).

- **Textboxen:** Texte und Überschriften lassen sich hervorheben durch sogenannte Textboxen, d. h. Umrandungen des Textes in verschiedenen Formen. Sie bringen den Text zur Geltung, verleihen ihm Gewicht und er wirkt nicht verloren auf dem Blatt. Dazu können Sie Standardformen wie Rechtecke, Ovale oder Pfeile verwenden, aber auch besondere zum Thema passende Formen wie Sprechblasen für

Zitate oder Wegschilder für Ziele. Auch wenn Sie Schwierigkeiten haben, längere gerade Linien oder Kreise zu zeichnen, verzichten sie nicht auf Rahmen und Boxen, sondern machen Sie aus der Not eine Tugend : Nutzen Sie Wolken oder einfache Figuren, gestalten Sie sie offen und großzügig, als wären Unregelmäßigkeiten gewollt, oder machen Sie gestrichelte Linien, bei denen Unterbrechungen im Schriftzug weniger auffallen. Layout 1 und 2 in der Abbildung auf S. 80 zeigen Beispiele für Textboxen.

- **Komposition:** Für die Anordnung der Textelemente gelten die Gestaltungsregeln für Visualisierungen (siehe S. 19), von der Reihung über die Symmetrie bis hin zur Dynamik.

Die folgenden Abbildungen zeigen verschiedene Formen der Textdarbietung:

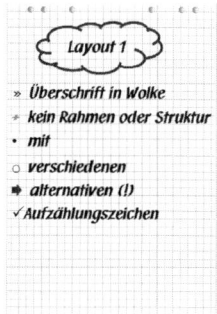

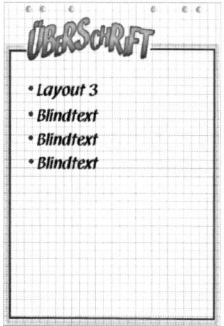

Die Textbox „Wolke" betont die Überschrift und erweckt einen lockeren
Eindruck. Symbole für Aufzählungen
unterstützen Aussagen (Kästchen zum
Abhaken, Pfeil für To Dos etc.)

Ein gestrichelter Rahmen engt
nicht ein und gibt dennoch Halt.
Die Textbox betont die Überschrift.

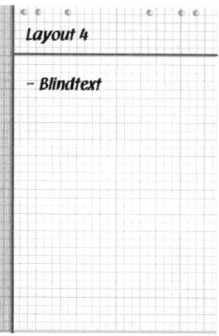

Die Überschrift tritt stark hervor, der
Rahmen gibt Halt. Hier sollten Sie die
Aufzählungspunkte einfach halten.

Einfaches, gradliniges Layout. Es ist
schnell umzusetzen und sieht
trotzdem nicht nach Standard aus.

Layouts für Flipcharts

Orientierung durch Strukturelemente

Es gibt Zuhörer, die Struktur lieben. Hier ein paar Beispiele, wie sich Strukturelemente in den Kopf- oder Fuß des Charts integrieren lassen:

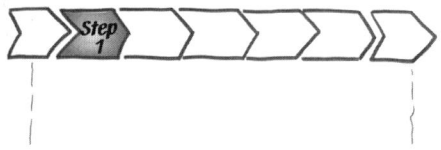

Pfeile stehen für Schritte oder Phasen, um die es in der Präsentation geht. Zur Orientierung ist der gerade behandelte Schritt farblich hervorgehoben.

Der geviertelte Kreis steht für vier Phasen. Die aktuelle Phase 3 (L wie Lösung) ist gekennzeichnet.

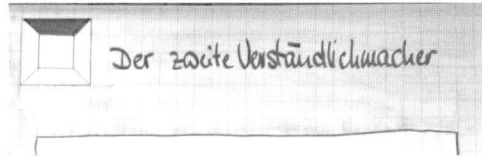

Im Quadrat ist immer die Seite markiert, auf die sich die Informationen beziehen. Die Hintergrundfarbe ist an die Farbe des Strukturelements angepasst.

Farbe und Schatten

Lebendigkeit bringen Sie in Ihre Zeichnungen mit Farbe und Schatten. Nutzen Sie sie richtig, dann erzielen Sie mit wenig Aufwand eine große Wirkung.

Wie viel Farbe ist erlaubt?

Meist finden Sie Moderationsmarker in den Farben Schwarz, Blau, Grün und Rot im Moderatorenkoffer. Diese sind grundsätzlich sinnvoll, wenn Sie dabei folgende Tipps beachten:

In Schwarz und Blau (für Puristen: nur Schwarz) schreiben Sie Ihre Texte. Rot und Grün sind bereits auf mittlere Entfernung schwer lesbar und deshalb eher für Strukturen (Linien, Unterstreichungen, Textboxen) geeignet.

Sparsam und gezielt eingesetzt, verträgt ein Flipchart alle vier Farben. Edler wirken drei, nüchterner zwei Farben. Einfarbig ist in aller Regel auch eintönig.

Auch beim Kolorieren von Flächen mit Wachsstiften oder Spezialmarkern empfiehlt es in der Regel nicht, das gesamte Farbspektrum auszunutzen. Je mehr Sie kolorieren, umso wichtiger ist es, dass Schrift, Konturen und Linien ausschließlich mit einem schwarzen (blauen) Moderationsmarker gestaltet sind.

Die Wirkung von Licht und Schatten

Schatten unterhalb oder seitlich von Textboxen heben diese zusätzlich hervor. Ihr Bild wird lebendiger (welches Material Sie dafür verwenden, siehe S. 83)

Mit Hilfe von verschiedenen Stiften können Sie Licht- und Schatteneffekte erzeugen, die Ihren Darstellungen Tiefe geben. Schatten *im* Objekt verleihen diesem dreidimensionale Wirkung, Schatten *unterhalb* des Objekts geben Bodenhaftung. Die räumliche Tiefe verstärken Sie durch eine Linie, die den Horizont andeutet. Die Technik funktioniert bei allen Objekten, ob Kreis, Rechteck, Textbox oder Figur.

Effekte mit Licht und Schatten

Material richtig nutzen

Damit Sie die beschriebenen Techniken auch erfolgreich umsetzen können, brauchen Sie das passende Material.

Moderationsmarker

Wichtig ist die Wahl der richtigen Stifte. Überlassen Sie es nie dem Zufall, welche Stifte Sie im Hotel oder Besprechungsraum vorfinden. Im Zweifel sind es die falschen: ausgetrocknet, zu hart, mit zu dünner oder runder Spitze – es gibt am Markt mehr schlechtes Material als brauchbares. Empfehlenswert sind Moderationsmarker dann, wenn sie eine abgeschrägte Spitze und die richtige Breite haben sowie weich und saftig sind. Nach meiner Erfahrung gibt es wenige Produkte, die diese Kriterien erfüllen. Dazu gehören die bekannten Neuland-Marker und die weniger bekannten Marker Uni PROCKEY von Faber Castell.

Falsch: runde Spitze

Richtig: abgeschrägte Spitze

Bekannt und sicherlich für verschiedene Zwecke gut einsetzbar, aber für Visualisierung auf Flipchart weniger geeignet sind Permanentmarker. Diese gibt es zwar mit abgeschrägter Spitze, aber sie sind sehr hart und machen ein kratziges, nicht-flüssiges Schriftbild. Weiterer Nachteil: Sie strengen beim Schreiben mehr an. Gerade, wenn Sie eigentlich eine schlechte Handschrift haben,

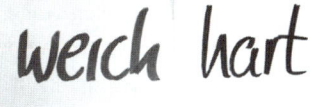

gehört ein Set weicher Marker (schwarz, blau, rot, grün) immer in Ihr Handgepäck! Damit können Sie bereits einige Effekte erzeugen, etwa Unterstreichungen und Umrandungen, sowie Formen, Figuren und Skizzen zeichnen.

Wachsmalstifte und –blöcke

Größere Wirkung erreichen Sie, indem Sie mit Wachsstiften, Kreiden oder Spezialmarkern kolorieren. Am einfachsten gelingen Kolorierungen mit sog. Wachsmalblöcken (Wachsmalkreide in Blockform) oder -stiften, z. B. von Stockmar. Diese Wachsmalfarben schmieren, bröckeln und kleben nicht und benötigen im Gegensatz zu Kreiden keinerlei Fixierung. Versehen Sie Rahmen mit Schatten oder heben Sie Objekte ab. Mit den Wachsmalblöcken haben Sie drei verschiedene Strichbreiten zur Verfügung und erzielen ein gleichmäßiges Bild.

> Achten Sie auf eine glatte Unterlage, auch wenn das Flipchart auf dem Flipchartständer hängt. Es reicht manchmal, wenn eine Moderationskarte auf einem viele Blätter weiter hinten hängenden Chart klebt – die Ränder drücken sich leicht durch und es entstehen ungewollte Effekte.

(Pastell-)Kreiden

Kreiden haben im Gegensatz zu Wachsstiften den Vorteil, dass Sie sich verwischen lassen und man damit noch schönere Effekte erzielen kann. Der große Nachteil: Sie müssen unbedingt fixiert werden, da sie nicht nur auf anliegende Blätter, sondern auch auf Hände und Kleidung abfärben.

Spezial-Marker

Grafiker und Künstler nutzen zum Zeichnen und Kolorieren Tuschestifte, die es in einem sehr breiten Farbspektrum gibt. Empfehlenswert sind insbesondere helle Grau- oder Blautöne für professionell-kühle Wirkung oder warmes Gelb für eine freundliche Stimmung. Geeignet sind z. B. Künstlertuschen wie PITT artist pen big brush von Faber Castell oder COPIC Marker (z. B. der COPIC WIDE mit einer 21-mm-Spitze – ideal zum Unterstreichen und großflächigen Kolorieren; durch die sehr feste Spitze allerdings ohne Übung nicht so einfach anzuwenden). Für alle diese Marker gilt: Schnelles Arbeiten, kontinuierliche Striche und dabei den Stift wenig absetzen bringt den besten Erfolg. Bestellen Sie unbedingt gleich Nachfülltinte dazu, sonst ist die Freude kurz.

Anwendung im Vergleich

Ob Tusche oder Wachsstift: Mit beidem bringen Sie einfach und wirkungsvoll Tiefe in Ihr Objekt, wie die folgenden Abbildungen zeigen.

Künstlertusche mit flacher Spitze.

Künstlertusche mit Pinselspitze.

Wachsmalblock verzeiht kleine Fehler ohne Wirkungsverlust.

Zwei verschiedenfarbige Wachsmalblöcke bringen noch mehr Dreidimensionalität.

Effekte mit Wachs und Tusche (farbige Version, siehe S. 118)

Die Klebetechnik

Aufwändig erstellte Figuren und Grafiken lassen sich gut kopieren, ausschneiden und wiederverwenden, indem Sie sie auf neue Charts aufkleben. Das gleiche gilt für ClipArts und Grafiken aus dem Netz. Am besten kleben Sie keine ganzen A4-Blätter auf, sondern schneiden eng am Objekt aus. So verschmelzen die Elemente optisch besser mit dem

Flipchartpapier. Entweder Sie fixieren die Objekte vorab auf dem Papier oder Sie ergänzen das vorbereitete Chart mit selbstklebenden Elementen während der Präsentation. Dazu werden sie auf der Rückseite mit ablösbarem Spezialkleber oder mit den Klebestreifen von Haftnotizen versehen. Mit dieser Technik lassen sich die Objekte fünf- bis sechsmal kleben und entfernen, bevor die Haftkraft nachlässt. Ein Beispiel dazu finden Sie im Farbteil auf Seite 122. Das Chart wurde mit Marker und Wachsstiften vorbereitet. Die Vorlage für die Fische stammt aus der ClipArt-Gallery. Die Fische werden während der Präsentation des Charts aufgeklebt.

Verschrieben – so korrigieren Sie fast unsichtbar

Sie haben ein Flipchart gestaltet und ganz am Schluss passiert ein Schreibfehler. Keine Angst, das Reproduzieren des gesamten Charts ist nur in den seltensten Fällen nötig. Welche Möglichkeiten haben Sie?

- Das 3M Post-it 658R Korrekturband ist ca. 2,5 cm breit, lässt sich mit Moderationsmarkern gut beschreiben und ist sogar wieder ablösbar.

- Korrektur-Roller oder Tipp-Ex aus der guten alten Zeit eignen sich zum Vertuschen kleinerer Patzer.

- Sind größere Stellen auszubessern, schneiden Sie ein Stück Papier in der passenden Größe aus einem identischen Bogen aus und überkleben Sie den Fehler. Achten Sie auf die Linierung des Papiers: Linie auf Linie geklebt ist die Mogelei schon mit 1 m Abstand nicht mehr zu erkennen.

- Das Ganze geht auch umgekehrt: Ist die Visualisierung zu weit in die Mitte oder Ecke gerutscht, aber im Grunde noch brauchbar, können Sie diese einfach ausschneiden und auf ein neues, leeres Flipchart kleben.

Konservieren und Transportieren

Wenn Sie ein Seminar oder eine Präsentation häufiger halten, bietet es sich an, aufwändig gestaltete Flipcharts wiederzuverwenden. Damit stellt sich automatisch die Frage nach Aufbewahrung und Transport.

Konservieren

Sie können Flipcharts bei „guter Pflege" ein Dutzend Mal oder öfter verwenden – wenn Sie ein paar Dinge beachten:

- Keine perforierten Bögen nutzen bzw. die Perforation von hinten (auf der Rückseite) z. B. mit Tesafilm oder Kreppband überkleben.

- Die Lochung schützen: Manch alter Flipchartständer ist Meister im Zerfressen Ihrer Flipcharts. Schützen Sie die Lochung mit speziellen Lochverstärkern (transparente, Ringe). Alternativ tut es ein Streifen normalen Tesafilms oberhalb der Lochung ebenso gut. Richtig professionell sind die selbstklebenden, vorgelochten Organisationsstreifen aus dünnem Karton, die allerdings die Maximalzahl der Bögen auf dem Ständer reduzieren.

- Kein Recycling-Papier bzw. zu dünnes Papier benutzen: Recycling-Papier greift sich schneller ab und wird an den Enden schnell lapprig. Papier ab 80g/m² ist langlebiger.

Bündeln

Bei einer größeren Anzahl von Charts hilft es, lose Flipcharts für Aufbewahrung und Transport zu bündeln. Verschiedene Hilfsmittel sind dafür geeignet:

- Standard-Heftstreifen passen vom Abstand her genau in die Lochung der Flipchartblöcke. Je ein Heftstreifen links und rechts geben Ihrer „Lose-Blatt-Sammlung" Zusammenhalt. Bei vielen Flipchartständern müssen Sie die Streifen zum Aufhängen der Blätter abnehmen.

- Fast genauso sicher und immer verfügbar sind Büroklammern. Mindestens zwei Klammern sind nötig. Schiebt man sie tief in die Lochung, können sie bei den meisten Flipchartständern an den Blättern verbleiben.

- Im Künstlerbedarf findet man sog. Foldback-Klammern, die ebenfalls festen Halt bieten.

Aufrollen

Zum Transportieren und Aufbewahren müssen Sie die Papiere aufrollen. Folgendes ist dabei zu beachten: Sorgfältig stapeln, ggf. bündeln und – oben beginnend – so aufrollen, dass die Schrift nach außen zeigt. Auf diese Weise kann sich das gerollte Papier nach dem Aufhängen bestmöglich aushängen, ohne dass die unteren Enden sich nach vorn rollen und abstehen.

Verpacken

- Nutzen Sie Originalverpackungen oder die Standard-Versandrollen aus Pappe (Durchmesser mindestens 10 - 15 cm). Nachteil: Ohne Gurt sind sie schwer zu tragen.

- Gut geeignet sind längenverstellbare Kunststoff-Transportrollen mit Schultergurt aus dem Schreibwaren- oder Künstlerbedarf (Durchmesser bis zu 11,5 cm). Hochwertige Mappen und Nylon-Spezialköcher mit Schultergurt und Tragegriff aus dem Fachhandel sind dann nicht nötig.

- Sollte einmal gar keine Verpackung greifbar sein, schützen Sie Ihre Flipcharts, indem Sie sie aufrollen, quer auf ein leeres Flipchartpapier legen und erneut einrollen. Die nun überstehenden Ränder schlagen Sie vorsichtig nach innen ein.

In der Präsentation live visualisieren

Perfekte Textfolien, anschauliche Diagramme und anspruchsvolle Infografiken – und dennoch ermüdete Zuhörer? Der Fokus auf ein und dasselbe Medium über einen längeren Zeitpunkt strengt auch das interessierteste Publikum an. Das muss nicht so sein …

Beispiel

 Vielleicht haben Sie das auch schon erlebt: Der Redner schaltet PowerPoint mit der B-Taste dunkel, stellt eine rhetorische Frage, senkt dabei die Stimme, geht zum Flipchart, nimmt schweigend einen dicken Marker und zeichnet – schwungvoll oder die

> Dramatik steigernd im Zeitlupentempo – eine Zahl, eine einfache Skizze oder ein Wort aufs Papier. Und das Publikum schaut gebannt zu.

Viele Top-Redner nutzen zusätzlich zur Multimedia-Präsentation das Flipchart zur Live-Visualisierung. Was so locker-flockig daherkommt, ist oft bewusst geplant und hundertfach geübt: der scheinbar spontane Gang zum Flipchart. Im Verkauf finden Sie Live-Visualisierung unter dem Begriff „Pencil Selling", was frei übersetzt „eigenhändiges Bildhaftmachen von Informationen" bedeutet. Die Vorteile all dieser Techniken: Der Kunde bzw. Zuhörer

- kann auch komplexere Prozesse Schritt für Schritt und damit logisch nachvollziehen,

- fühlt sich individuell und bezogen auf sein spezifisches Problem behandelt und nicht mit Standardunterlagen abgefertigt,

- schreibt dem Verkäufer bzw. Referenten hohe Fachkompetenz zu, wenn er dazu in der Lage ist, Probleme und Lösungen aus dem Stegreif darzustellen und nicht nur auf vorbereitete Materialien zurückgreift.

Es sind zwei Variantenmöglich:

- Auf einem weißen Flipchart zeichnen oder

- vorbereitete Charts ergänzen. Dabei markieren Sie beispielsweise Textabschnitte, die für den Zuhörer besonders wichtige Informationen bieten. Oder Sie heben mit Pfeilen, Strichen und Symbolen bestimmte Inhalte hervor, die Ihrer Zuhörer besonders interessieren.

Es ist dafür nicht erforderlich, besonders gut zeichnen zu können, und manches Prinzip der Visualisierung können Sie hier auch außer Acht lassen. Alles, was Sie benötigen, ist ein dicker, saftiger Stift, Mut zu (Schrift-)Größe und eine Idee, an welcher Stelle Sie PowerPoint verlassen und zum Flipchart gehen.

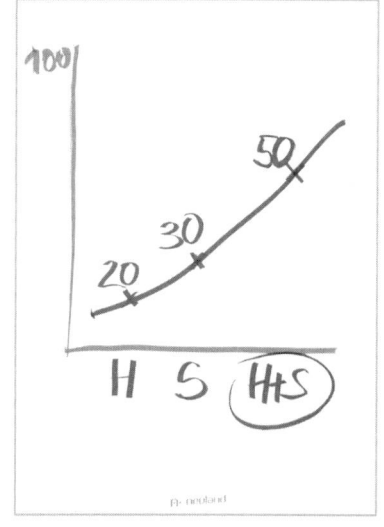

Live-Visualisierung auf dem Flipchart

Vielleicht ist Folgendes für Sie beruhigend – oder auch beängstigend, je nachdem, welcher „Visualisierungstyp" Sie sind: Wenn Sie sich live erstellte Flipcharts von professionellen Rednern einmal genauer ansehen, finden Sie häufig grobe Vereinfachungen voller Abkürzungen. Viele Grundsätze des Visualisierens werden hier einfach über Bord geworfen, es werden Druckbuchstaben verwendet, die Achsen sind nicht sauber beschriftet usw. Woher kommt dann die Wirkung? Vor allem dadurch, dass das Chart den Redner wirken lässt und nicht ablenkt. Zum anderen durch die Selbstsicherheit, die der dicke Stift, die „brüllenden" Buchstaben und die schwungvollen Linien zum Ausdruck bringen.

Natürlich haben Sie nicht nur am Flipchart die Möglichkeit, live zu visualisieren, sondern auch am Interaktiven Whiteboard (siehe S. 66). Unterschätzen sollte man die Effekte des Flipcharts dennoch nicht: Der Medienwechsel lockert auf und die Positionierung des Flipcharts nahe am Publikum erlaubt Ihnen besseren Kontakt.

Abschied von der Perfektion

Gerade für Hobbykünstler ist es manchmal schwer, sich nicht zu sehr vom Spaß am Gestalten, von Ästhetik und künstlerischen Ansprüchen leiten zu lassen. Aber auch Picasso und Kandinsky haben nicht mit einfachen abstrakten Bildern begonnen, ihr Weg führte sie und viele andere Maler von realistischen Darstellungen immer stärker in die die Abstraktion und Vereinfachung. Das heißt für Sie: Heute wirkungsvolle Flipcharts und Folien zu schaffen, Ihre Fähigkeiten der Visualisierung zu entwickeln - und morgen aus dem Stehgreif zu visualisieren. Probieren Sie es!

Die Chancen, mit Live-Visualisierung Aufmerksamkeit zu bekommen, sind groß. Die Sache hat aber einen Haken: Der Vortragende muss stärker in den Vordergrund treten. Dazu gehört schon etwas mehr an Erfahrung und Übung. Wenn Sie erst wenig Präsentationserfahrung haben, geben Ihnen vorbereitete Flipcharts Sicherheit. Sie werden sehen, je mehr Erfahrung Sie dank Ihrer vorbereiteten Medien gewinnen, desto eher werden Sie diese beiseitelassen und spontane Skizzen einführen.

In Besprechung und Workshop visualisieren

Manche Moderationstools verlangen eine besondere Art der Visualisierung. Denken Sie an Fishbonediagramm, Mindmap, Matrizen etc. Häufig jedoch arbeiten Sie mit Ihrem Team an bestimmten Aufgabenstellungen ohne ein besonderes Tool – und stehen vor einem leeren weißen Blatt. Worauf kommt hier es an?

Eine gute Frage für die Überschrift formulieren

Haben Sie in der Rolle des Moderators schon einmal eine Zurufabfrage gemacht und die folgenden Wortmeldungen der Teilnehmer gingen ständig am Thema vorbei? Was ist die Ursache? Natürlich kann es sein, dass die falschen Teilnehmer im Raum waren. Manchmal liegt es auch an der Formulierung der Aufgabenstellung. Denn die Formulierung der Frage/ des Auftrags wird oft vernachlässigt und hat doch so große Wirkung: Wie lautete die Überschrift auf dem Flipchart – gab es überhaupt eine Überschrift? War die Überschrift ein Schlagwort, ein Halbsatz oder eine aktivierende Frage? Mit letzterer steuern Sie die Antworten der Teilnehmer am stärksten.

Beispiel

Sie wollen mit der Gruppe Lösungen für die hohen Arbeitsrückstände in Ihrem Verantwortungsbereich erarbeiten. Mit dem Schlagwort „Ideen" oder „Lösungen" als Überschrift ist der Auftrag sehr allgemein und öffnet die Teilnehmer auch für

Lösungen anderer Probleme. Die Halbsatz „Lösungen für die Rückstände" ist schon treffender, ermöglicht aber auch Antworten wie „Die Geschäftsleitung sollte mal ..." oder „mehr Neueinstellungen". Die Frage „Was könnten wir tun, um die Rückstände auf die Frist von zwei Tage zu reduzieren?" ist hingegen konkret, messbar und lässt nur Lösungen zu, die in der Macht des Teams liegen.

Beiträge mitschreiben

In der Art, wie Sie Beiträge mitschreiben, kann sehr viel Wertschätzung liegen – oder eine Ursache für Blockaden der Teilnehmer. Zuallererst ist es wichtig, alle Beiträge zu hören. Bei lebhafter Beteiligung ist das nicht immer einfach. Vergewissern Sie sich zumindest von Zeit zu Zeit durch Rückfragen, ob noch Beiträge kamen, die Sie überhört haben. Je nach Themenstellung genügt es oft nicht, nur ein Stichwort zu notieren: Um die Beiträge auch im Nachhinein nachvollziehen zu können, verkürzen Sie den Beitrag auf drei Stichwörter oder Halbsätze und sichern das Einvernehmen mit dem Teilnehmer ab.

Beispiel

Sie arbeiten mit der Gruppe an Lösungen für die hohen Arbeitsrückstände. Den Beitrag eines Teilnehmers „Wir könnten die Nachbarabteilung bitten, uns vorübergehend einzelne Aufgaben wie Projekt x abzunehmen, bis wir wieder à jour sind" notieren Sie auf der Liste als „Nachbarabteilung". Wenn die Lösungsvorschläge im nächsten Schritt bewertet und selektiert werden, hat die Hälfte der Teilnehmer vergessen, was genau die Idee mit der Nachbarabteilung war, und Sie verlieren Zeit mit nachträglichen Erklärungen. Hilfreicher wäre es, „Nachbarabteilung übernimmt Projekt x" zu notieren.

Achten Sie auch auf ein passables Schriftbild – das Bemühen um gute Lesbarkeit drückt die Wertschätzung der Beiträge und damit der Teilnehmer aus. Das heißt auch, jedem Beitrag seinen Platz einzuräumen. Ist das erste Flipchart voll, schreiben Sie den nächsten Beitrag nicht in irgendeine Lücke, sondern hängen das erste Blatt sichtbar an eine (Pinn-)Wand und beginnen ein neues Blatt.

Vereinfachen und Beschleunigen

In Besprechung und Workshop steht immer die Interaktion mit der Gruppe im Vordergrund. Visualisierungen haben das Ziel, die Ergebnisse zu sichern und den Gruppenprozess zu unterstützen – und nicht aufzuhalten. Es geht daher in der Moderation weniger um die Ästhetik und den grafisch-künstlerischen Wert der Charts, sondern um zügige Dokumentation. Beschleunigen Sie nicht, indem Sie Ihre Handschrift vernachlässigen, sondern nutzen Sie Symbole, um die Texte zu reduzieren, insbesondere allgemein bekannte Symbole:

Bekannte Symbole			
✔	erledigt	✗	kritisch, zu klären
?	unklar	!	Wichtig, zu beachten
☺	positiv	☹	negativ
☺	neutral	⚲	näher untersuchen
+	gut, positiv	△	Delta, Manko, negativ
=	gleich, entspricht	≠	ungleich
→	Bezug, Auswirkung	↔	Wechselwirkung

Die Texte selbst können Sie folgendermaßen gestalten:

- unterstreichen und Umranden = wichtig, Priorität
- durchstreichen: erledigt, falsch, unwichtig

Es empfiehlt sich jedoch, diese Mittel sparsam einzusetzen, damit die Hervorhebungen auch klar als solche zu erkennen sind

---

Auf einen Blick: Mit dem Flipchart visualisieren

- Visualisierungen auf dem Flipchart ermöglichen Interaktivität und hohe Flexibilität. Sie eignen sich besonders gut für das gemeinsame Erarbeiten von Ergebnissen und lassen sich hervorragend mit anderen Medien – wie dem Beamer und der PowerPoint-Präsentation – kombinieren.

- Eine persönliche Handschrift, ein gutes Layout, Textboxen sowie Farbe und Schatten bringen einerseits Struktur, andererseits viel Lebendigkeit und eine persönliche Note in Ihre Flipcharts.

- Sie steigern die Wirkung Ihrer Präsentation, wenn Sie live vor Ihrem Publikum visualisieren. Sie erhöhen damit die Nachvollziehbarkeit, signalisieren dem Publikum, dass Sie die Visualisierung spontan und individuell nur für diesen Anlass erstellen und zeigen hohe Fachkompetenz.

Wie finden Sie Ideen und passende Bilder?

Nun kennen Sie die Techniken der Visualisierung. Aber was ist, wenn Sie keine Idee haben, welche Art der Darstellung oder welches Motiv für Ihre Zwecke und Ziele passt?

Im folgenden Kapitel lesen Sie, wie Sie

- von der Spontanidee zur ganz persönlichen Bildersammlung kommen (ab S. 100),
- mit Kreativitätstechniken eigene Ideen generieren (ab S. 102),
- sich durch Bilder aus der ClipArt-Gallery oder dem Internet anregen lassen und diese durch bestimmte Techniken in Ihre Visualisierungen einbinden (ab S. 106).

Ideenspeicher und –quellen nutzen

Rein sachlich wissen Sie, was Sie transportieren wollen. Jetzt stellt sich die Frage: Wie kommen Sie vom Gedanken zum Bild? Eine erste Möglichkeit bietet sich Ihnen in eigenen oder fremden Vorlagen.

- **Spontanidee:** Notieren oder skizzieren Sie den ersten Einfall, der Ihnen durch den Kopf geht, schnell, auch wenn es vielleicht noch nicht die perfekte Idee ist. Mit etwas zeitlichem Abstand erneut betrachtet, ergeben sich oft neue Ideen (zur Weiterentwicklung).

- **Kopieren Sie sich selbst:** Legen Sie sich eine Sammlung Ihrer am besten gelungen Folien und/oder Flipchartkopien an. Oft vergisst man, was man vor einiger Zeit selbst geschaffen hat. Manches lässt sich 1:1 wiederverwenden, anderes für andere Kontexte abwandeln – das gilt sowohl gut layoutete Folien als auch Flipchart-Ideen. Auf der nächsten Seite sehen Sie ein Beispiel für eine Grafik, die Sie in verschiedenen Kontexten unverändert oder leicht verändert wiederverwenden können. Weitere Beispiele finden Sie im Farbteil dieses TaschenGuides: ein Flipchart mit einem Händedruck als Symbol für das Verabreden von Spielregeln in einem Workshop sowie ein Flipchart zur Begrüßung bei einem Seminar oder Workshop (S. 119).

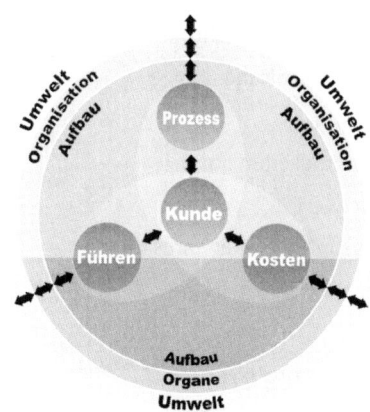

Beispiel für eine wiederverwendbare Grafik

- **Sich von anderen anregen lassen:** Egal ob Sie Ideen für Flipcharts oder PowerPoint suchen – im Internet, bei Kollegen, in Broschüren, Comics, Büchern gibt es eine Fülle von Anregungen. Achten sie auf das Urheberrecht! Es geht ja nicht darum, eine Bildgestaltung 1:1 zu übernehmen, sondern die jeweilige Darstellung als Anregung zu verstehen. Auch hier hilft es, sich ein (elektronisches) Archiv anzulegen, in dem Sie jede gute Idee, die Ihnen über den Weg läuft, ablegen.

- **Checklisten nutzen:** Erstellen Sie Ihre eigene Kreativitätscheckliste oder orientieren sie sich an folgenden Punkten, um Ideen für Ihre Visualisierung zu erhalten:

– Thema der Veranstaltung

– Ort der Veranstaltung

– Name des Ortes

– Sehenswürdigkeiten am Ort

– Hotelname

– Branche/ Unternehmen Ihres Kunden

– Ihre eigener (Firmen-)Name

Ideen generieren: Kreativitätstechniken

Manchmal ist es völlig klar, wie die Folie oder das Flipchart aussehen soll. Und manchmal grübeln Sie und die Idee zur Visualisierung lässt auf sich warten. Probieren Sie es dann mit einer der folgenden Möglichkeiten.

Brainstorming/Mindmapping

Schreiben Sie die Situation/ das Thema/ das Argument auf ein Blatt und lassen Sie Ihren Gedanken freien Lauf. Dokumentieren Sie alles, was Ihnen durch den Kopf geht, und sei es noch so absurd, in Form einer Liste oder eines Mindmaps. Im nächsten Schritt wählen Sie die Idee aus, die Sie am meisten anspricht, oder Sie streichen zunächst alle weniger geeigneten Punkte, bis die beste Idee übrig bleibt. Ggf. wiederholen Sie das Brainstorming zum ausgewählten Punkt.

Beispiel

Sie suchen eine Idee für das Begrüßungsflipchart eines Prüfungsvorbereitungsseminars Ihrer Auszubildenden. Sie beschriften ein leeres Blatt mit der Überschrift „Prüfung" und beginnen zu notieren, was Ihnen einfällt. Etwa: Angst, Stress, Fleiß, froh, es bald geschafft zu haben, Endspurt, Führerschein, Beurteilung, Casting, Bühne, Auftritt, aufgeregt, Erfolg, Adrenalin.

Sie finden das Wort „Bühne" am besten. Das Begrüßungschart könnte dann wie in der nebenstehenden Abbildung aussehen. Eine andere Möglichkeit ist die Weiterführung des Begriffs „Endspurt" mit Assoziationen wie Laufen, Ziellinie usw.

Merkmale–Analogie

Im Gegensatz zum Brainstorming erfolgt hier keine direkte Assoziation, sondern ein Umweg über die Merkmale:

1 Wählen Sie ein Merkmal des Begriffs/Themas aus, für den/das Sie ein Bild finden möchten.

2 Sammeln Sie andere Träger dieser Merkmale. Das heißt, fragen Sie sich: Welche Situationen/Gegenstände/Handlungen verfügen noch über dieses Merkmal?

3 Wählen Sie ein entsprechendes Bild aus.

Beispiel

 Sie suchen ein Bild, um die schwierige Zusammenarbeit zwischen Produktion und Vertrieb darzustellen.

1. Als Merkmale der Zusammenarbeit halten Sie fest: lange Wege, Divenhaftigkeit etc.

2. Träger von „lange Wege": Flur, Krankenhaus, Labyrinth, Behörde; Träger von „Divenhaftigkeit": Oper, Aida, Luxusschiff

3. Sie entscheiden sich z. B. für das Bild des Labyrinths.

Analogietransfer (von Bingel/ Berndt/ Bittner)

Ähnlich wie bei der Merkmale-Analogie gehen Sie auch hier einen Umweg, allerdings über Ihre Empfindungen.

1 Benennen Sie die Situation.

2 Sammeln Sie Empfindungen, die Sie angesichts dieser Situation spüren oder die diese Situation weckt.

3 Sammeln Sie Situationen, in denen Sie diese Empfindungen schon einmal hatten bzw. mit denen Sie diese Empfindungen assoziieren.

4 Wählen Sie aus dieser Sammlung eine geeignete Situation aus, die sich gut bildlich darstellen lässt.

Beispiel

 Sie haben es nach intensiven Vorbereitungen geschafft, als erstes deutsches Unternehmen mit Ihrer Technologie Märkte in Fernost zu erschließen. Sie suchen nach einem Bild, wie Sie Ihren Erfolg visualisieren können.

1. Situation: als erster neuen Markt erschlossen.

2. Gefühle: Stolz, Pioniergeist, Abenteuer, Wagemut, Durchhaltevermögen.

3. Situationen, mit denen Sie diese Empfindungen assoziieren, z. B. Landnahme, Columbus' Seefahrt, Erstbesteigung, Mondlandung.

4. Sie entscheiden sich z. B. für das Bild der Erstbesteigung.

„Der rote Faden" von Matthias Pöhm

Auch beim „roten Faden", einer Methode, die der Rhetoriktrainer Matthias Pöhm zum Finden von sprachlichen, bildhaften Vergleichen empfiehlt, wird ein Umweg gewählt: Hier arbeiten Sie nicht mit Empfindungen, sondern mit einem Wechsel der Ebene, indem Sie die Aussage verallgemeinern:

1 Formulieren Sie Ihr Sachargument ganz konkret aus.

2 Formulieren Sie daraus eine Allgemeinaussage.

3 Schließen Sie die Augen und vervollständigen Sie mehrmals den Satz: „Das können Sie vergleichen mit ...".

(nach: Pöhm, Matthias: Präsentieren Sie noch oder faszinieren Sie schon? S. 196 ff.).

Beispiel

Sie möchten Führungskräfte vom Nutzen der Einführung eines Führungsfeedbacks überzeugen.

1. Sachargument: Wenn Sie ein fundiertes Feedback Ihrer Mitarbeiter bekommen, können Sie Ihr Führungsverhalten optimieren.

2. Allgemeinaussage: Für den Erfolg ist Feedback wichtig.

3. Vergleich: Das können Sie vergleichen mit der Rückmeldung der Messinstrumente beim Fliegen.

Sie könnten zur Visualisierung das Bild eines Cockpits nehmen.

Weitere Anregungen finden Sie in dem TaschenGuide „Kreativitätstechniken".

Von der Idee zum Bild

Eine Idee für Ihr Bild haben Sie, jetzt geht es an die Umsetzung. Je nachdem, welcher Visualisierungstyp Sie sind, werden Sie das Motiv vielleicht mit wenigen Strichen rasch andeuten, weil es Ihnen stärker auf den Inhalt ankommt. Vielleicht möchten Sie aber auch mit einer liebevollen Zeichnung Ihre Wertschätzung gegenüber Ihrem Publikum ausdrücken und Wohlwollen erzielen. Sie haben eine Vielzahl von Möglichkeiten, um in diesem Fall Ihre Ideen in „schöne Zeichnungen" umzusetzen.

Anregungen aus der ClipArt-Gallery

Gut kopiert ist halb gewonnen! Vorlagen finden Sie an den unterschiedlichsten Stellen. Nutzen Sie zum Beispiel die ClipArt-Gallery, die Sie in den Office-Anwendungen finden. Über die Stichwortsuche finden Sie verschiedene Vorschläge zu einem Themengebiet. ClipArts lassen sich auf verschiedene Arten nutzen: In PowerPoint können Sie diese direkt übernehmen oder nach Auflösen der Gruppierung für Ihre Zwecke anpassen. Für Ihre Flipcharts nutzen Sie ClipArts entweder zum Abmalen bzw. als Anregung für eine freie Zeichnung oder Sie fertigen einen vergrößerten Ausdruck an als Vorlage zum Durchpausen oder Ausschneiden und Aufkleben. Dazu finden Sie im Folgenden einige Beispiele.

Abmalen/Durchpausen

Für einen Workshop zum Thema „Brücken bauen zwischen Produktion und Vertrieb" suchen Sie ein Brückenmotiv für Ihr Flipchart. Über die Stichwortsuche in der ClipArt-Gallery wählen Sie ein geeignetes Bild.

Wenn Sie geübt sind, übertragen Sie das Bild frei auf Ihr Flipchart. Anderenfalls lösen Sie die Gruppierung der Zeichnung auf (z. B. über die rechte Maustaste) und löschen die überflüssigen Elemente.

Die verbliebenen Elemente drucken Sie vergrößert aus (viele Druckertreiber erlauben Vergrößerungen bis 400 %) oder Sie vergrößern sie über den Kopierer, heften die Drucke hinter Ihr Flipchart und pausen die Konturen durch.

Durchpausen: vom ClipArt-Bild zum Flipchart

Ein weiteres Beispiel aus der ClipArtGallery (Suchwort: „Weg"): oben links im Original, unten links nach Auflösen der Gruppierung und Löschen der Figur sowie rechts umgesetzt als Flipchart.

Durchpausen: vom ClipArt-Bild zum Flipchart

Klebetechnik

Für Ihren Vortrag über Bewerber-management suchen Sie ein Bild, das eine Interviewsituation darstellt. Über die Stichwortsuche in der ClipArt-Gallery finden Sie unter „Besprechung" ein geeignetes Bild.

Auch hier heben Sie die Gruppierung der Grafik über die rechte Maustaste auf und löschen die überflüssigen Elemente. Die verbleibenden Figuren werden auf A3-Format vergrößert, ausgeschnitten und aufgeklebt. Linien für die Tischkante werden ergänzt.

Mit nachträglichen Schattierungen wirken aufgeklebte und gezeichnete Objekte wie aus einem Guss.

Klebetechnik: vom ClipArt-Bild zum Flipchart

Motivsuche im Internet

Manchmal ist die Bildersuche über Internet-Suchmaschinen genauso hilfreich. Die Techniken zur Umsetzung sind prinzipiell dieselben wie bei ClipArts. Die Suche nach „Frankfurt Skyline" brachte folgendes Ergebnis (oben), das dann im Flipchart (unten) umgesetzt wurde.

Vom Bild aus dem Internet zum Flipchart

Weitere Beispiele und Anregungen für die Gestaltung von Flipcharts finden Sie im Farbteil ab S. 119.

Auf einen Blick: Ideen und Bilder finden
• Manchmal ist der erste Gedanke der beste. Manchmal haben auch andere eine gute Idee, von der Sie sich inspirieren lassen können.
• Brainstorming und Analogiebildung führen Sie spielerisch, aber meist sehr effektiv zu guten Ideen für Bilder.
• Bilder in der ClipArt-Gallery oder im Internet erleichtern Ihnen die Umsetzung immens. Auch hier empfiehlt es sich, eine Sammlung anzulegen, auf die Sie bei Bedarf immer wieder zurückgreifen können.

Literatur

Haußmann, Martin: bikablo - Trainerwörterbuch der Bild-sprache, Eichenzell 2007

Meyer, Elke/Widmann, Stefanie: FlipchartArt, Erlangen 2009

Pöhm, Matthias: Präsentieren Sie noch oder faszinieren Sie schon? München 2006

Rachow, Axel: Sichtbar. Die besten Visualisierungs-Tipps für Präsentation und Training, Bonn 2009

Roam, Dan: Auf der Serviette erklärt, München 2009

Schiecke, Dieter/Becker, Tom/Walter, Susanne/Simon, Ute: Microsoft Office PowerPoint – Das Ideenbuch für kreative Präsentationen, Unterschleißheim 2009

Ulrich, Stephan: Menschen grafisch visualisieren, Paderborn 2009

Visual Facilitating Lernworkshop:
www. kommunikationslotsen.de

Ware, Colin: Visual Thinking for Design, Massachusetts 2008

Weiss, Rainer: Präsentieren mit PowerPoint, München 2008

Grafik- und Flipchartgalerie

PowerPoint-Folien

Die folgenden vier Beispiele für PowerPoint-Folien illustrieren die Gestaltungsmöglichkeiten jeweils an einer etwas schlechteren und einer optimierten Fassung.

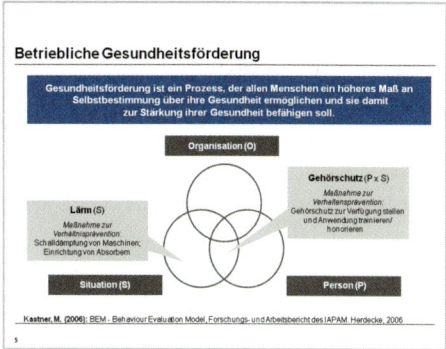

Sinnvoller Einsatz der Farben (gleiche Farbe für gleichen Objekttyp). Aber Texte zu lang, Textfelder wirken durch Füllung massiv. Keine Logik bei Anordnung der Textfelder. Überflüssige Fußnote (nicht lesbar).

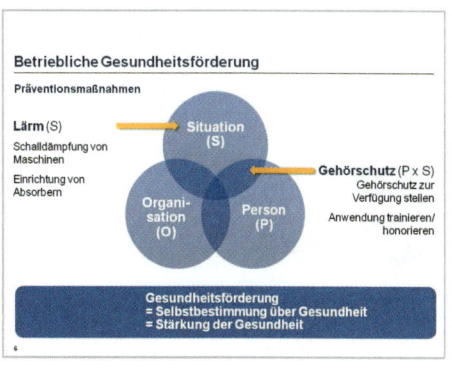

Texte gekürzt, Schrift vergrößert, nach außen ausgerichtet, Textfelder sinnvoll angeordnet.

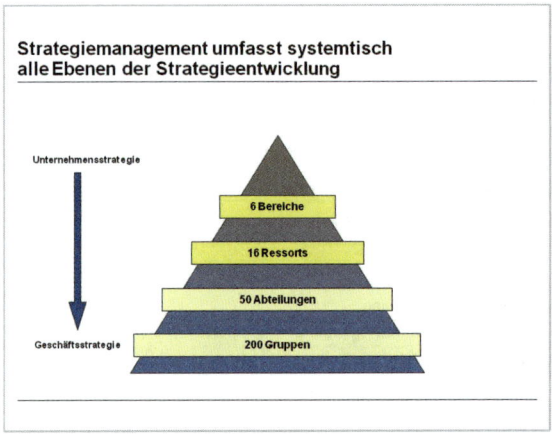

Zu kleine Schrift, schlechte Raumnutzung. Umrandungen der Objekte wirken hart.

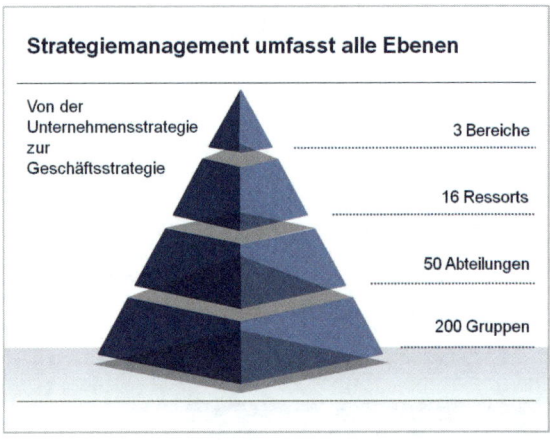

Ansprechende Wirkung durch 3D-Darstellung des Objekts. Größere Schrift, keine Umrandung, raumfüllende Anordnung.

Fotos in PowerPoint einsetzen

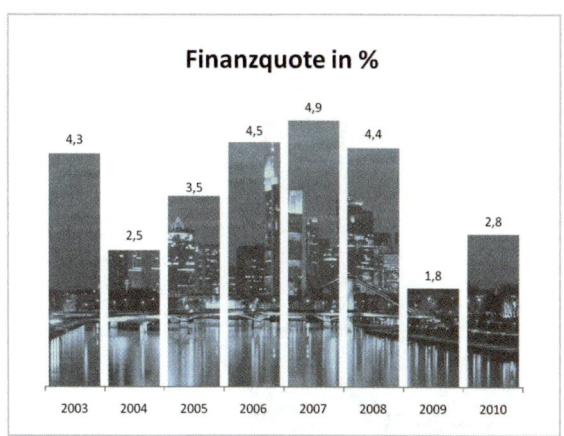

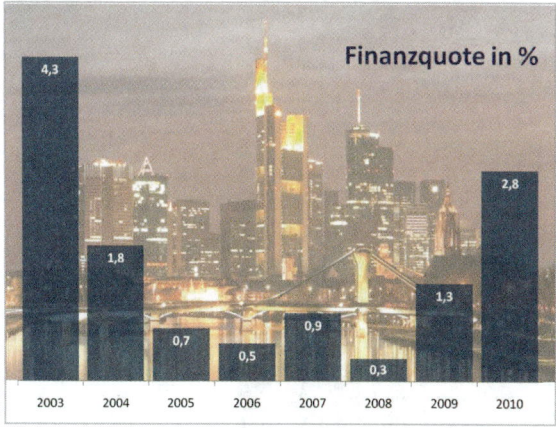

Einsatz von Fotos in Diagrammen: Foto als Füllung für die Säulen und Foto als Hintergrund für die gesamte Folie. Die obere Folie ist erst ab PowerPoint 2007 möglich.

Die neuen Standorte

Frankfurt am Main

Die neuen Standorte

In vielen Fällen gilt: Je größer die Fotos, desto höher die Wirkung. Verzichten Sie ggf. auf Logo und Ränder und nutzen Sie den Raum voll aus.

Infografiken

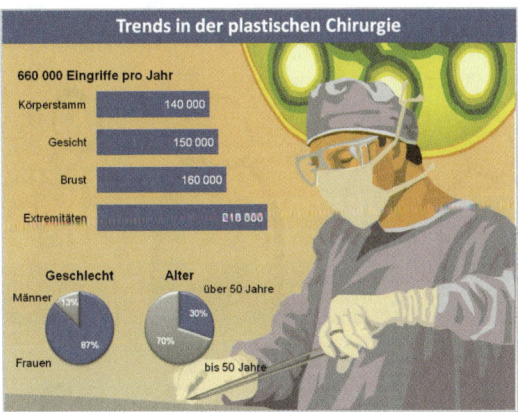

Hier ist das Bild als Hintergrund eingesetzt. Das ist einfach umzusetzen und auf den ersten Blick wird klar, was das Thema ist.

Integriert: Das Bild ist hier der Träger der Information. Erzielt hohe Aufmerksamkeit.

Flipcharts

Effekte mit Wachsmalblöcken und Künstlertusche

Wenig Aufwand – hohe Wirkung: Schatten machen Ihre Objekte dreidimensional. Auf der linken Seite mit Tusche, rechts mit Wachsmalblöcken. Empfohlene Farben: Schattierungen in Gelbtönen schaffen warme Atmosphäre, Grau-/Blautöne wirken kühl und edel. Zweifarbige Schattierungen mit Wachsstiften schaffen noch mehr Dreidimensionalität (rechts unten).

Komplette Flipcharts

Das „Drehbuch" des Workshops n Bildern dargestellt, dient gleichzeitig als grobe Agenda. Leichte Schattierungen mit Wachsmalblöcken setzen Akzente.

Wiederverwendbares Flipchart für Spielregeln eines Workshops. Händedruck aus ClipArt-Gallery mittels Durchpausen auf Flipchart übertragen und koloriert.

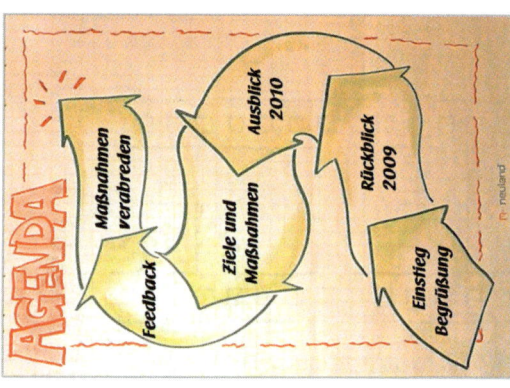

Darstellung der Agenda als Abfolge von Schritten in Richtung eines Ziels. Schritte erhalten Tiefe durch Schattierung der Ränder mit Pastellkreide.

Darstellung der aktivitätsorientierten Arbeitsweise durch Bilder, Pfeilsymbole und rötliche Farbgebung.

Angedeuteter Rahmen setzt Bezug zwischen den Objekten und verleiht Diplomcharakter. Kolorierung mit Wachsblöcken (orange) und Wide Copic Marker (blau).

Visualisierung der vier Schritte des Arbeitsauftrags in Boxen, Reihenfolge durch Pfeilsymbole. Bilder antizipieren die Aktion des Teilnehmers.

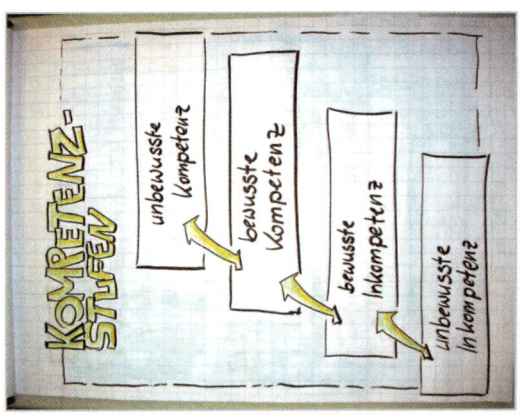

Darstellung der Stufen als Treppe aus Textboxen. Mit Wachsmalblöcken kolorierter Hintergrund bringt Textboxen in den Vordergrund. Blau mit wenig Gelb wirkt edel.

Nutzung des Flipcharts für Kartenabfrage mit großen Post-it-Klebezetteln.

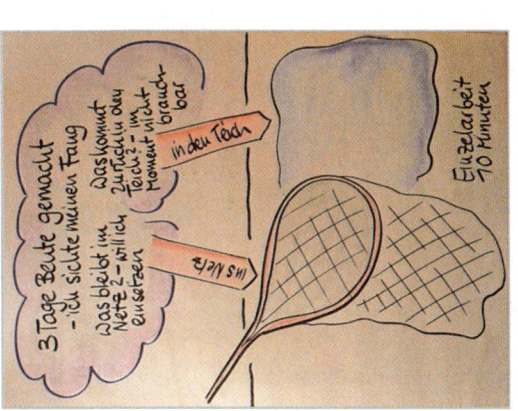

Vorbereitetes Flipchart, das während des Vortrags mit selbstklebenden Objekten ergänzt wird.

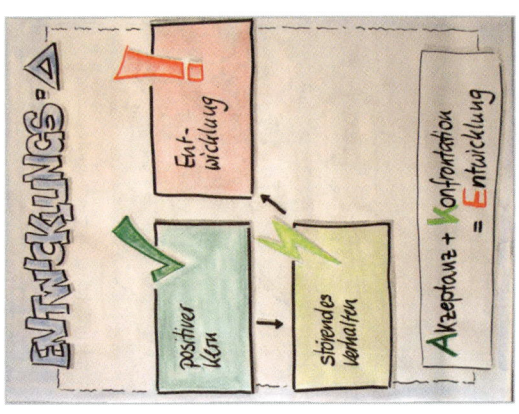

Reduzierte Darstellung des Inhalts mit Schlagworten, ergänzt durch Symbole. Botschaft wird durch Farbsprache unterstützt.

Das Aufgabenspektrum des Projektleiters symbolisch umgesetzt: Netzplan = organisatorische Aufgaben. Die Figuren = Führen der Mitarbeiter.

Stichwortverzeichnis

Analogietransfer 104 f.
Angemessenheit 22 f.
Animationen 61 f.
Arten von Visualisierung 6 f.

Behaltenswert 7, 10
Besprechungen 73 f., 95 ff.
Brainstorming 102 f.
B-Taste 60

Cartoons 39
ClipArt 38, 106 ff.

Dateitypen 64 f.
Diagramme 32 ff., 55 f.
Durchpausen 107 ff.
Dynamik 25 f.

Einfachheit 19 ff.
Einheitlichkeit 27, 50
Emotion 11 f.

Farbe 28 ff., 82 f.
Flipchart 40 ff., 71 ff.
Folie als Grafik speichern 63 ff.
Fotos 37 ff., 56 f.

Gehirn 9 f.
Gliederung 23 ff., 50 ff.
Grundprinzipien 19 ff.

Handschrift 74 ff.

IAW 66 ff.
Ideen 100 ff.
Infografik 36 f., 57 ff.
Interaktives Whiteboard 66 ff.

Klebetechnik 87 f., 109

Konservieren 89 ff.
Korrekturen 88 f.
Kreiden 85 f.
Kürze 26

Layout von Flipcharts 78 ff.
LIFO®-Methode 12 ff.
live visualisieren 91 ff.

Medien 40 ff.
Merkmale-Analogie 103 f.
Moderationsmarker 84 f.

Online-Anwendungen 63 f.
Ordnung 23 ff., 50 ff.

PowerPoint 40 ff., 45 ff.
Prägnanz 26
Präsentation 59 ff.

Reihung 24
Rhythmus 24 f.
roter Faden 105 f.

Schatten 82 f.
Schriftgröße 76
Smartphone 65 f.
Spezial-Marker 86
S-Taste 60
Stift 75 f.
Strukturelemente 81
Symbole 32, 97
Symmetrie 23 f.

Täuschungen, optische 39 f.
Textboxen 78 f.
Textfolien 48 ff.
Transportieren 89 ff.
Tusche 86 f.

Visualisierungsstile 12 ff.

Wachsmalstifte und –blöcke 85 f.
Workshops 73 f., 95 ff.
W-Taste 60

Zahlen 32 ff.
Zeichnungen 38 f.

Bibliografische Information der Deutschen Nationalbibliothek
Die Deutsche Nationalbibliothek verzeichnet diese Publikation in der Deutschen
Nationalbibliografie; detaillierte bibliografische Daten sind im Internet über
http://dnb.d-nb.de abrufbar.

ISBN 978-3-648-00317-6
Bestell-Nr. 00348-0001

© 2010, Haufe-Lexware GmbH & Co. KG, Munzinger Straße 9, 79111 Freiburg
Redaktionsanschrift: Fraunhoferstraße 5, 82152 Planegg
Fon (0 89) 8 95 17-0, Fax (0 89) 8 95 17-2 50
E-Mail: online@haufe.de
Internet: www.haufe.de
Redaktion: Jürgen Fischer

Alle Rechte, auch die des auszugsweisen Nachdrucks, der fotomechanischen Wiederga-
be (einschließlich Mikrokopie) sowie der Auswertung durch Datenbanken oder ähnliche
Einrichtungen vorbehalten.

Realisation und Lektorat: Sylvia Rein, 81371 München
Umschlaggestaltung: Kienle gestaltet, 70178 Stuttgart
Druck: freiburger graphische betriebe, 79108 Freiburg

Die Autorin

Claudia Bingel

ist Personalentwicklerin und Trainerin für Präsentationstechnik und Moderation. Weitere Schwerpunkte sind Führungstrainings, Kommunikation und Verhandlungsführung. Sie hat verschiedene Bücher und Fachartikel, insbesondere zum Thema Moderation und Training veröffentlicht.

Website: www.claudia-bingel.com

Weitere Literatur

„Vorträge und Präsentationen", von Peter Flume, 168 Seiten, mit CD-ROM, € 18,80. ISBN 978-3-448-09520-3, Bestell-Nr. 00209

„Präsentieren mit PowerPoint Trainer", von Rainer Weiss, 128 Seiten, mit CD-ROM, € 9,90. ISBN 978-3-448-10182-9, Bestell-Nr. 00971

„Workshops vorbereiten, durchführen, nachbereiten", von Susanne Beermann und Monika Schubach, 128 Seiten, € 6,90. ISBN 978-3-448-09324-7, Bestell-Nr. 01308

TaschenGuides – Qualität entscheidet

Bereits erschienen:

■ **Der Betrieb in Zahlen**
- 400 € Mini-Jobs
- Balanced Scorecard
- Betriebswirtschaftliche Formeln
- Bilanzen
- BilMoG
- Buchführung
- Businessplan
- BWL Grundwissen
- BWL kompakt – die 100 wichtigsten Fakten
- Controllinginstrumente
- Deckungsbeitragsrechnung
- Einnahmen-Überschussrechnung
- Finanz- und Liquiditätsplanung
- Formelsammlung Betriebswirtschaft
- Formelsammlung Wirtschaftsmathematik
- Die GmbH
- IFRS
- Kaufmännisches Rechnen
- Kennzahlen
- Kontieren und buchen
- Kostenrechnung
- VWL Grundwissen

■ **Mitarbeiter führen**
- Besprechungen
- Checkbuch für Führungskräfte
- Führungstechniken
- Die häufigsten Managementfehler
- Management
- Managementbegriffe
- Mitarbeitergespräche
- Moderation
- Motivation
- Projektmanagement
- Spiele für Workshops und Seminare
- Teams führen
- Workshops
- Zielvereinbarungen und Jahresgespräche

■ **Karriere**
- Assessment Center
- Existenzgründung
- Gründungszuschuss
- Jobsuche und Bewerbung
- Vorstellungsgespräche

■ **Geld und Specials**
- Sichere Altersvorsorge
- Energie sparen
- Energieausweis
- Geldanlage von A-Z
- IGeL – Medizinische Zusatzleistungen
- Immobilien erwerben
- Immobilienfinanzierung
- Meine Ansprüche als Rentner
- Die neue Rechtschreibung
- Eher in Rente
- Web 2.0
- Zitate für Beruf und Karriere
- Zitate für besondere Anlässe

■ **Persönliche Fähigkeiten**
- Allgemeinwissen Schnelltest
- Ihre Ausstrahlung
- Burnout
- Business-Knigge – die 100 wichtigsten Benimmregeln
- Mit Druck richtig umgehen
- Emotionale Intelligenz
- Entscheidungen treffen
- Gedächtnistraining
- Gelassenheit lernen
- Glück!
- IQ – Tests
- Knigge für Beruf und Karriere
- Knigge fürs Ausland
- Kreativitätstechniken
- Manipulationstechniken
- Mathematische Rätsel
- Mind Mapping
- NLP
- Optimistisch denken
- Peinliche Situationen meistern